改变世界

季 波◎著

清華大学出版社
北 京

内 容 简 介

2019年是5G全面商用的关键一年，全球5G产业的竞争如火如荼。在5G这条高速专用车道上，将涌现出怎样创新性的个人应用和行业，改变生活乃至改变世界呢？本书作者选择5G作为观察中国经济和世界经济的视角，对于第五代通信技术系统5G，完整地表达了自己看到的未来远景。正如作者所言："5G是技术背后的技术，5G能够让人变得更好，然后用新的方式创造一个新未来。"

本书适合深度学习者，为读者打开看清世界经济、科技的窗口。

图书在版编目（CIP）数据

5G改变世界 / 季波著. —北京：清华大学出版社，2020.1（2021.3重印）
ISBN 978-7-302-54707-5

Ⅰ.①5… Ⅱ.①季… Ⅲ.①无线电通信－移动通信－通信技术 Ⅳ.①TN929.5

中国版本图书馆CIP数据核字(2019)第298453号

责任编辑：杜春杰
封面设计：华夏智库
版式设计：文森时代
责任校对：马军令
责任印制：丛怀宇

出版发行：清华大学出版社
网　　址：http://www.tup.com.cn，http://www.wqbook.com
地　　址：北京清华大学学研大厦A座　　**邮　　编**：100084
社 总 机：010-62770175　　**邮　　购**：010-62786544
投稿与读者服务：010-62776969，c-service@tup.tsinghua.edu.cn
质量反馈：010-62772015，zhiliang@tup.tsinghua.edu.cn
印 装 者：三河市国英印务有限公司
经　　销：全国新华书店
开　　本：170mm×240mm　　**印　　张**：18.5　　**字　　数**：244千字
版　　次：2020年1月第1版　　**印　　次**：2021年3月第4次印刷
定　　价：49.80元

产品编号：086174-01

序 | 中国人将迎来自己的硬科技时代

历史发展从来都是一波三折的，越是面对复杂的局面，越是需要具有把握大方向的能力。在中国人的精神世界里，能够把握自身转型和外部营商环境的复杂性。毛主席的《论持久战》，现在也应该是一堂全民重温的战略教育普及课。

为这本书作序，恰恰是我的荣幸。这些文字将随着一本有影响力的书被记录下来，能够和未来一二十年后的自己对话，也能够和千万读者进行跨时空对话。

季波先生作为“超大稳定新结构”经济体的观察者，对于第五代通信技术系统 5G，他完整地表达了自己看到的未来远景。按照季波先生的观点，5G 是技术背后的技术，5G 能够让人变得更好，然后用新的方式创造一个新未来。

作为长江商学院的欧洲首席代表、助理院长，季波先生多数时间都在欧美接触商业人士，将欧洲最佳商业实践带到中国，也将中国的最佳商业实践带到欧洲。换句话说，他知道欧美的商界人士是如何想的，在实践中是如何行动的，所以，他的总体观察感知是比较独特的。

我在国内看到了中国经济和中国科技领域连续发展的过程，但是季波先生说他看到了连续发展和间歇性跳跃。在一次通话过程中，我要求他描述一下这种跳跃情形，季波先生说："从商业的角度来看，我有一个小国看大国的视角，这使得我站在欧洲这个只有几百万人口的经济体中看待中国的发展，这是我的经验。我知道中国人是怎么想的，我也知道欧洲一个小国是怎么想的。中国是太阳系中的木星，远航的太空船需要借助木星引力加速是正常的事情。"

本书选择5G作为观察中国经济和世界经济的方式，很有趣。5G之所以这么受人关注，按照季波先生的笑谈，他认为5G不应该叫5G，应该叫502G。"502"是中国的一种能快速黏接物体的胶水，能够将一些不同的东西黏接在一起。我说："举一个具体的例子，5G作为经济和社会胶水，能够黏接的东西是什么？"季波先生在电话那头说："国家。这是5G能够连接的顶级的结构性经济体，不同的国家能够在新的通信技术基础上形成新的结晶体。"

我知道季波先生说的问题已经远远超越了经济领域，不只是做项目、做投资、搞工程赚钱这些财经领域的事情了。我敢肯定，本书和国内其他已经出版和即将出版的关于5G的书籍不同，技术专家谈及的是如何研发和应用5G技术，企业家谈及的是如何把握自己的5G垂直应用市场，但季波先生谈及的则是5G经济的溢出效应，他谈及的问题的深度和边界，是站在一个技术思想家的观察角度，描述的是一个人类在几百年历史发展中的大转折。很巧的事情，我们这代人就是这个历史大转折的参与者和观察者。如果用一代人的时间来看，5G及其之后的6G等通信技术革命，结合其他硬科技的应用覆盖，将带来一种意料之外的新的发展阶段，这一次触发的是革命性的社会飞跃。

5G 作为技术系统，在今后的数年之内，技术标准和竞争主体间的争夺攻防之战已经无法避免。这场技术的竞争被描述为“地缘政治技术”竞争，本来单纯的技术应用市场的竞争，现在被美国引入一种难以确定的“灰色地带”，这种过程性的政治博弈和经济博弈，可能伴随着下一代通信技术的整个应用进程。

季波先生主要展开的研究在商业领域，这其实也跟他的事业相关。本书建立的分析框架，用几个关键词来表达，即超大规模经济体、稳定市场、新经济结构和硬科技发展，这四个关键词构成了本书的整个内容主旨。本书的内容围绕几个问题展开：谁能够建立超大规模的经济体？谁能够坚持建立开放稳定的可预测的需求市场？谁能够拥有变革能力，建立起面向未来的新经济结构，政府和企业家各自该做什么样的事情？既然科技创新是社会经济的主导性变量，那么中国在全球技术竞争中，有没有机会获得领先地位？

从大到小，从全局到细节，在一个分析框架上看 5G 技术的时候，我们也能够理解大洋彼岸那个中国“老师”，一个可敬的中国竞争对手。理解自己是一种思考，站在竞争对手的立场理解竞争对手，也是一种思考。在能够平和地接受这两种思考的人看来，最好的竞争对手其实就是最好的老师。

中国人不情愿地被卷入一场“技术冷战”当中，因为这是一种逆全球化趋势的行为，产业链和价值观的割裂对于任何一个企业来说，都不是什么好事情，都将被迫做出一些次优选择。美国及其盟友将 5G 技术看作一种地缘政治工具，而目前这方面的核心技术掌握在华为、中兴、诺基亚和爱立信这几个企业手中，要么是中国主导，要么是欧洲主导。事实上，美国在这一场科技革命过程中，其技术集成主导权旁落，这是近百年来没有出现过的事情。

在这本书的分析架构中，中国人的创新是技术冷战过程中的主要变量，也是整个未来全球价值链上的主导性战略变量，企业家雄心和国家雄心的终局均维系于此。从中长期来看，这实际上已经变成世界主要经济体背后教育系统之间的竞争，而所有的技术竞争就变成在开放环境下对于全球人才的争夺。技术战争是每一个中国当代人所面临的“宿命”，这是因为，不管你愿不愿意，世界科学中心能不能再一次迁移，迁移的目的地是中国还是其他地区，这种争夺是未来竞争的主要战场。

季波先生说，处于风暴中心的 5G 技术，恰恰是被选中的焦点。5G 技术体系和 4G 技术体系之间的区别是一种量变到质变的过程，这种质变就是人类社会的一次信息流的革命，在这场革命中，信息流、物质流和能量流，三流合一的整合性技术，将让社会经济变成一个有机的整体。从这个角度来说，5G 是母技术，由哪个企业来主导人类社会的整体发展模式升级，就体现了哪个企业的历史荣光。

对于世界技术中心会不会产生新的迁移，季波先生并不确定，因为美国具备自我革新的社会变革能力，至少过去几十年的实践已经说明美国这个国家具备回到正轨的能力。美国人确实很难接受失去领先地位的挫败感，这种挫败感伴随着无数小动作和细节性的非公平竞争。但是中国作为世界上最大规模的市场，消费者拥有最终的决定权，这是中国的优势所在。

无论 5G 技术以什么样的节奏展开，5G 时代都会到来。围绕硬科技和原创科技的竞争已经展开，这是一场代价昂贵的竞争，只有具备实力的大公司才能够维系巨额的技术研发投入。对于中国企业来说，首先应该是认知链条的再造，面向未来的企业要相信研发的力量，并且在研发的过程中学会如何规避风险；其次是硬核创新能力和科创板的结合，这将是接下来中国企业面对未来的科技演武场。硬核科技创造力和科技领域的自主性，正在成为中国人的共识。从某种程度上来说，技术冷战给全球主要国家带来了一场免费的科学和技术类的社会动员。未来全球供应链格局将发生深刻改变，中国需要更多的华为，需要更多具备硬核创新实力的企业。

相信中国人一定能够建立起对于科学和技术工程的信仰，如果说市场是最好的教育手段，那么资本市场就会将科技创新作为价值评估的重要指标。从过去几十年的发展进程来看，相信公司管理是可以习得的，技术是生产工具，中国人同样是可以习得的，这就够了。毕竟时间在我们这一边，这就是本书想要表达的内容。

盛希泰

洪泰基金创始人，董事长

新浪 2017 中国顶级投资人 TOP30

自序

由于常年工作在欧洲，在国内和欧美国家之间飞来飞去，回到中国工作一段时间，看待全球经济的时候就是中国视角，到了欧洲回看中国就是欧洲视角。视角一变，很多看问题的结果就变了。

作为长江商学院驻欧洲首席代表和助理院长，能够接触到全球各地的政府官员和企业家，这使我对全球前沿科技产生了浓厚的好奇心。因此我自2016年起，创建了全球首个“启航中国（China Start）”项目。该项目每年从世界各地上千个科技创新型企业中筛选出优质企业，并带领这些企业的团队到中国北京、上海、深圳、成都、西安、杭州等地进行学习、考察和路演，对他们实现与中国市场和资本对接、进入中国市场起到了关键性作用。截至目前，“启航中国（China Start）”项目已成功运营7期，共带领来自全球30个国家、40多个行业、166名海外创客和企业家来到中国，为其在中国寻得合作伙伴与企业落地提供了极大的帮助。该项目不仅为外国企业家带来福祉，也帮助中国企业家学习和了解国际最前沿的科技，更是在全球创新生态圈产生颠覆性的影响。“启航中国（China Start）”项目颠覆了全球科技创新型企业涌向硅谷的传统模式，并开创了科技创新型企业进入中国的全新模式。

在运营“启航中国（China Start）”项目的时候，我很认真地和全球一些顶级科学家、先进技术的研发人员进行了深入交流。这些交流让我很有收益，我将自己变成一个个知识的“连通器”，并将自己对于前沿科技的观察融合起来。每年到 30 多个欧洲国家与政府官员、企业家和媒体对话，并且经常受邀在全球许多重要科技大会论坛发表演讲。仅在 2018 年一年，受邀参与的论坛会议就高达 68 次。这里列举一些：世界移动通信大会（西班牙）、伦敦科技周（英国）、中英贸易会展（英国）、Change Now 全球峰会（法国）、赢在中国（德国）、Pioneers’18 先锋科技大会（奥地利）、Wolves Summit 狼群科技大会（波兰）、Horasis 全球会议（葡萄牙）、联合国创业全球峰会（土耳其）、Arctic15 北极科技大会（芬兰）、欧洲新思想论坛（波兰）、信息分享科技大会（波兰）、欧洲初创日科技大会（波兰）、初创村庄大会（俄罗斯）。

自 2018 年起，就有国内的一些组织与机构和社团邀请我去讲 5G，因为国内很多人对于 5G 将带来什么样的改变不太清楚。我也是将 5G 作为一种前沿战略技术来讲的，并没有将其变成一个专题。例如，2019 年 5 月，长江商学院北京校友会和企业家团体请我来讲一个关于“5G 如何改变世界”的专题，我就分享了一个几百页的观察报告。随后，有更多的人希望我来分享这一主题，我受邀到浙江大学也讲了同样的内容。

我发现在和不同的技术专家、企业家进行交流的时候，技术专家在讲内容的时候总是会过度讨论自己的技术解决方案，有时候只谈部分技术细节，很少有从未来十年商业的大场景角度来讨论 5G 价值的。其实，5G 是一个战略技术系统，光一个商业视角可能是不够的，因此我从全球政治、经济、商业和技术四个不同层面来阐述 5G 的社会经济价值。我觉得我有这个责任将这个战略技术系统讲清楚。由于演讲和沟通的对象有限，所以就将自己的所思所想变成一本书，让所有人都能够阅读，这也是《5G 改变世界》这本书问世的缘由。

撬动历史的力量往往是由外部力量和事件引发的，比如欧洲最近几年遇到自身发展的障碍，以及很多新移民涌入的困扰，社会中隐隐含着一丝对未来的焦虑。中国在思考自己的未来向何处去，欧洲人也在思考他们的未来向何处去。欧洲战略学者和思想家一直在努力凝聚欧洲，以期形成统一的政治力量和经济力量，欧洲人希望自己的大公司能够在全球市场中获得领先地位。

欧洲追求的目标是完整的大规模市场，并且这个市场能够协调一致。保持欧洲的一致行动能力需要一种可信的领导力，但欧洲的自主性确实因为其自身的多边协调方面的困难而出现了巨大的问题。美国在亚欧大陆的每一次军事行动，都会引起欧洲内部的纷争，支持者、中立者和反对者的混乱观点造成了欧洲社会内部的分裂。美国在中东和中亚的行动，导致承担长期社会代价买单者的都是欧洲。从大历史的视角来看，有些影响是短期的，欧洲社会具备一定的修复能力；有些影响则是长期的，欧洲社会需要在文化和价值观层面重构，形成跨文化的包容性，以及完整的政治力量和经济力量，不过，这依然任重而道远。

巨大的技术工程可以凝聚不同社会阶层的现实力量，几亿人团结起来做几件大事，能够凝聚社会共识，形成共同的荣耀感。也就是说，推动科技和社会进步的力量蕴藏在巨大技术工程的实施过程之中。来看看美国的例子。第二次世界大战以后，美国在制造俄欧矛盾，阻止俄欧之间进行大规模的基础工程连接。与此同时，美国对巨大的重工制造能力进行了完美融合，有力地推动了整个美国社会的技术进步，凝聚了美国力量。美国 20 世纪三四十年代也曾经是“基建狂魔”，诸如开展巨大的水利工程和道路建设工程等，这些工作完成了，那接下来该做些什么呢？到了 20 世纪下半叶，美国的巨型工程主要集中在了科技工程领域。巨型科技工程时代也结束了，美国进入了金融和全球资源整合的国家发展模式。

欧洲也在努力共同推进巨大的技术工程，比如空中客车、大型强子对撞机和国际核聚变项目等。推动巨型科学工程不仅仅是科技界的事情，也体现了政治层面的决心和民众共同的期待。最重要的一点是，那些最聪明的一群人聚集在一起，完成他们人生中觉得值得的事情，科技研发可以为最聪明的人提供一份体面的工作，让他们顺便去改变世界。

我在欧洲接触的基本都是企业家和欧洲新一代的创业者。欧洲历史上产生了很多伟大的公司，但是在最近十年，世界级的伟大公司，没有一家诞生在欧洲，这是很遗憾的事情。欧洲企业家在创新和引领全球科技领域方面，其实依然极具竞争能力。欧洲依然有阿斯麦光刻机这样无可替代的企业和精细制造技术，这是欧洲的骄傲。

德国最早提出“工业 4.0”概念，说明欧洲不缺少先进的发展理念，但是缺少大企业将整个社会经济生态连接起来的“大科学装置”。本质上，华为这样的企业能够连接基础科学和应用科学，是因为积淀了一整套方法论。在工业时代，连接十万到几十万普通制造业工人的制造工厂是不鲜见的，但是拥有能够将十万知识工作者连接在一起的管理结构，说明企业所在的国家已经具备了后工业时代里最本质的组织力量。

欧洲需要两个层面的领导力，一个是政治方面的领导力，一个是企业家层面的领导力。企业家的领导力体现在组织、人才、战略、管理、创新等各个方面，那些世界级大公司的操盘手代表了一个大洲的经济管理水平。很幸运，我能够与亚洲和欧洲这两个大洲的企业家群体进行对话，去理解那些企业家们对于巨型稳定市场的共同追求。

负责预算和人力资源的欧洲联盟委员京特·厄廷格先生主张举全欧洲之力应对中国和美国在未来的竞争，他意识到欧洲单一国家的市场规模阻止了欧洲伟大企业的诞生。保罗·亨利·斯帕克是欧洲联盟的创始人之一，他有着自己对于欧洲国家规模的认知，他说，欧洲只有两种国家——小国和还不知道自己小的国家，因此，即使像法国和德国这样的国家也很难成为独立的力量，因为“市场规模”这个要素里蕴藏着不可知的超级力量。

全球化过程中的先锋力量一直都是少数龙头型公司，它们能够支撑起信息社会的基础运作架构。华为就是这样的公司，最好的科学投入都是华为这样的龙头型公司来完成的，因为这样的公司会从应用市场来思考科技和技术工程的价值，然后在全世界选择合适的人才和技术，运用价值判断标准，思考该做什么样的基础研究。它们的眼光很远，可以从全球性的战略布局来思考自己的企业该做什么，不该做什么。从大的层面来说，国家战略能够落到细处，其实有赖于一个个杰出企业的正确行动能力。

工业 4.0 的核心是智能制造和智能数据网络。智能社会的到来，意味着人类几百年来的“粗放型重工时代”已经结束，接下来的时代，重工产业在整个经济发展过程中将依然扮演着很重要的角色。但是整个社会已经进入了“精细重工时代”，即使在未来数十年，一个大经济体维系适当的重工产业规模依然十分必要。因为 5G 通信网络能够解决线上的信息问题，但是线下跨大洲的陆地基础设施整合和建设能力，还需要大规模的智能重工制造能力。

粗放型重工产业极其依赖大海权，也就是说，大海权时代和粗放型重工时代是高度重叠的，“科技代差优势+锚定石油资产+军事大海权+绿色的政府信用纸”成为美国国家优势的基础。任何依赖海外市场和海上通道能力的国家，都必须接受“绿纸”体系。分割陆权和制霸海权，是美国的国家战略。设法阻止任何一个大陆型地理经济体的产生和发展，是美国天然的要求。无论是其最亲密的盟友还是合作型国家，都不能够形成具备自卫能力的大陆性规模的稳定市场。而在我的观察之中，5G 系统技术本身就是一个大科技工程，是天然的经济体“黏合剂”，是一种形成“亚洲经济联合体”和“亚欧大陆经济联合体”的理性技术系统。5G 技术及其基础设施制造业的协同能力，才是一个完整的观察 5G 的视角。

科技发展过程中，有几大类产品是人类技术的集大成者，而基础新材料、软件和芯片则是整个工业体系赋能的母体技术，其他的技术均属于垂直产业类的技术。我将基础材料和 5G 技术定义为“横向技术”，将其他的工业技术定义为“纵向技术”。将 5G 通信系统放置到更加广泛的社会生态系统之中，就能够理解其技术背后的价值。

知识生产已经成为新经济的核心产出模式，精细技术产品往往是高价值商品，在全球运输领域，绝大部分芯片产品都通过空运完成，而非海运。历史已经完成一个悄悄地转变，即这个世界已经从大海权时代过渡到海权和陆权并重的时代。

在大洋上，短期和中期还无法建立完整的 5G 网络应用，但是在陆地上，5G 技术却比较“友好”。几百年来，人类一直有一种信仰——科技是改变世界的主要力量。从 5G 和陆地上的高铁技术系统来看，世界进入了大陆国家之间基础设施共建的新时代。

远距离的陆地货物运输被认为成本过高，因为不论从中国看欧洲，还是从欧洲看中国，距离都相隔遥远，但这是心理距离。在亚欧大陆的中心地带，美国人正在制造地缘矛盾，制造欧洲和亚洲之间的地理动荡带。这种制衡、猜忌和力量博弈，多方力量的地理重叠，阻碍了人类历史上最大的基础设施工程的实施，也阻碍了共识的生成。远距离陆地货物运输是一项基础工程，就是连接整个欧亚大陆的高铁技术系统。

无论如何，在未来十年发展的进程中，5G 技术应用工程将在亚欧大陆得以普及，实施应用的企业可能以华为为主，也可能以欧洲公司为主。有欧洲的企业家问我，如果 5G 网络的建设者不是中国公司，而是欧洲或者美国公司，对于中国到底有什么样的影响？我回答说，5G 可能是霸权国家的终结，而不是强化霸权。中国不可能称霸，也不需要称霸，即使在线上 5G 的应用竞争之中，中国也只是一个参与者，这就足够了。5G 应用如果没有巨大的基础设施的投入，那么就和 4G 一样，只是一种通信技术进步，而不是社会革命。从技术的视角来看，在未来，真空管高铁是统合亚欧市场的力量，改变的是亚欧大陆的地理概念。1 000km 到 4 000km 时速的真空管高铁是一种成熟技术的叠加，不存在无法克服的技术困境，管道技术系统既能够运输石油和天然气，也能够在其内部飞速运输货物，成为高价值商品的快速流通通道。亚欧大陆的物品流通能够做到当日达和次日达。

欧亚大陆上的四十多亿人口，需要在 5G 基础上重新构建关系，我将之分为三种关系：人与人之间的关系、人与物之间的关系和物与物之间的关系。我理解的亚欧大陆的整合性发展战略，是多中心的地理网络。比如，中国可能分布着几个经济中心，如粤港澳大湾区、长三角经济区、京津冀经济区、华中经济区和西北经济区等；印度可能也会有三四个核心经济区；阿拉伯地区能够整体稳定下来，形成自己的几个独立经济区；欧洲也将拥有更多的经济区。上述经济区之间进行经济成果的贸易，通过完整的 5G 网络、地理上的快速运输系统和能源互联网，构成一张三网合一（电信网、计算机网和有线电视网三大网络的物理合一，目的是构建一个健全、高效的通信网络，从而满足社会发展的需求）的完整经济网络，不存在谁统治谁的问题。

整张网络构建完成的时候，各个经济中心的人口基本上能够在本地稳定下来，各得其所并获得最佳的生活品质，不会造成巨大的人口迁移。文明之间既保持充分的交互发展，也保持各自的本地化发展模式。亚欧大陆的基础设施构建才是下一个社会的主要战略任务，5G 只是一个“引子”，但它是改变世界的引子。

人类可能首先在信息空间里获得共识和共同的标准。每一件产品都和共同的数据云连接起来。从欧洲视角和中国视角综合来看，欧洲和中国的基本利益都维系于一个和平稳定的亚欧大陆，重工管道运输技术不需要对于地缘区域进行占领，而可以进行直接穿越，不会对本地化地缘利益造成影响。5G 能够让人追踪任何一个流通的物品的位置，并且能够和这个产品进行信息交流。

我主张欧洲各个国家在军事领域进行自立，它们拥有自己的独立技术力量，从而建立起维护整个欧洲的安全力量，维护欧洲大陆经济结构的完整性，以及对于世界市场的覆盖。当欧洲国家能够派出安全力量来维护周边稳定的时候，内部的纷争才会被共识取代。毕竟，安全是社会的基本需求。

以上的观点，来自于我在不同场合的演讲内容。本书的书名叫作《5G 改变世界》，5G 技术并不是单独改变世界的技术力量，同时参与改变的力量可能是巨大的“工程盾构机”[1]和上亿的基础设施建设的产业工人群体。亚欧大陆的和平力量和经济整合性的力量，阻止离岛型海上力量对于亚欧大陆内部的地缘切割，让美国在亚欧大陆地缘政治领域成为一种建设性的力量，而非破坏性的力量。维护好全球产业链合作是中国和欧洲等共同的责任。

此序只是为阅读本书提供一种背景，本书想要描述的场景，均可能出现在未来十年到二十年的社会发展过程中。面对二十年的未来，我们当下该做些什么？

季　波

前言　10 Gbps 能够干什么

5G 网络有什么价值？其实这是一个颇有争议的话题。有一位从华为走出的很知名的通信技术专家认为，现在计算机技术方面处于算力过剩的时间点，5G 也会带来更多的带宽过剩，该专家甚至认为 5G 会是一种失败的技术，在应用领域会遇到巨大的障碍，其战略级别的应用到 2019 年并没有出现。同时，也有理性的行业预测者在十年前就认为，作为通信基础设施的建设者，只需要将带宽和通信技术参数做到极致，至于市场能出现什么样的奇迹，应全部交给市场去完成。

从长期来看，5G 市场一定是乐观的。其实，从思辨的角度，只需要问出一个问题：4G 是人类通信需求的终结吗？当面对这个问题的时候，几乎所有的乐观者都表达了否定态度，认为技术一定是向前发展的，因此 5G 的未来也一定是乐观的。

在开放的市场中选择最优技术，是基于经济学上的“理性人”的基础假设[2]，如果没有这个假设，市场经济就建立不起来，整个经济学的大厦都会崩塌。市场中可能会出现“疯子”，但是“疯”是一时的，在市场中，最终的结局是所有人都要回归理性。作为市场经济的信仰者，需要具有这样的自信。例如，华为公司创始人任正非曾经对欧洲用户说：“5G 容量是 4G 的 20 倍、2G 的 1 万倍，耗电量却是前两者的十分之一，华为每一个站点都能给欧洲节省 1 万欧元。欧洲跟我们沟通很密切。华为的 5G 绝对不会受影响，在 5G 技术方面，国外其他企业两三年肯定追不上华为。”领先技术对于社会发展的价值，正是任正非如此自信的原因。

5G 的带宽已达到 10 Gbps，国家和大企业却仍在布局 6G 战略，有关技术架构认为 6G 和 5G 相比，带宽还可以再提升 10 倍，这么快要干什么？按照金融信息服务平台“账房先生”的算法，这些已经投资下去的通信技术研发费用和基础设施费用，可能会面临和摩托罗拉铱星系统一样的命运。我们知道专家有专家自己的视角，但基于专家的技术维度去思考很可能会使我们陷入“鼻尖视角”[3]当中去，对于 5G，我们需要多样化的视角，每行每业都需要 5G，但是具体方案则需要业界人士和通信专家联合起来一起寻找。

我是做商业和管理教育的，面向超大企业组织的管理是我一直关注的管理领域。管理学的常识告诉我们，越大的系统，其运行的节奏也就越慢，就像恐龙的行动节奏不可能和苍蝇的行动节奏相同一样。大组织中尽管有很多天才管理者，但是整个企业的群体智慧则很低，决策效率低下，以至于面对市场时失去了快速灵活的反应能力。

从专业的视角来看，我想企业家在应用 5G 和 AI（人工智能）来管理企业的时候，更多是将其视为一种大系统的加速技术。“智能机器+企业家决策”模式，将使企业家驾驭复杂大组织的能力得到强化，而 5G 则能够为未来企业家赋能。

如果 5G 能够解决人与人之间远距离沟通过程中信息失真的问题，那就能够引起一场管理学的革命。近一百年来，管理效率本身并没有取得质的提升，无论是在扁平化的管理组织中，还是在科层制的管理组织中，信息衰减带来的沟通障碍，一直都是阻碍组织正常运转的核心“病灶”。通过沟通内容全息化和视觉场景化，AR（增强现实）、VR（虚拟现实）和 MR（混合现实）在商业沟通环节中可以引起一场沟通的革命。将管理沟通和知识信息的传递方式都置入一个“虚拟的平行世界”中，使得现实世界和信息世界的边界开始变得模糊起来，这将大大提升人们的知识传递效率，帮助人类解决群体智慧的问题，从而大企业也能够保持高效的决策和灵活性。

如果人与人的沟通模式变了，那么人与人之间的关系也就跟着变了。人与人之间的关系改变，也就意味着社会深层游戏规则的改变，大到地缘政治，小到个体之间的社交模式，都会发生比较大的改变。人与人之间的关系是本书需要表达的重点。

高速自动化运输系统和 5G 技术结合，形成了人与物、物与物之间的关系。5G 技术的高可靠性和低延时性会导致高速运输系统的诞生。当然，未来技术只适合于未来，不能用现在的产业格局去硬套。有专家分析说，5G 毫秒级的低延时性没有什么价值，其实对于每小时达到数千千米的高速运输系统而言，控制高速运动的物体，才是 5G 技术的核心应用，这里必然有一场物质流的革命。

回溯历史，任何一场技术革命的背后都是效能革命，从管理学的角度来解读下一场科技革命，依然需要考虑到效能因素。在 5G 发展进程的中后期，大部分标准工业产品都能够进行自动化、节约型生产。自动化工厂中智能机器效率极高，不知疲倦，能够根据市场需求制造产品，满足市场需求。人类将进入一个相对富足的时代，当然物质极度匮乏的地区可能依然存在，但是处于极低生活水平的人口将会大幅度减少。

人类从狩猎文明走来，花了数百万年的时间，到现在为止，我们的基因里还存留着狩猎时代和采集时代留下的文化经验和遗传信息，非洲边远部落的幸福指数和华尔街的幸福指数相比，几乎没有什么不同；在长达 1 万年的农业时代，人们接受了养殖和农作物种植的周期概念，学会了严格遵守纪律。格雷戈里·柯克伦和亨利·哈本丁合著的《一万年的爆发》[4]一书在谈及文明如何加速人类进步的时说，农业社会的长期纪律训练对于进入工业化社会的价值，大规模协同文化是经过了几十代人的长期训练而形成的。按照作者的统计学结论，认为只有经历了数千年的农业社会的选择，现代社会才会出现。现代社会的到来不是没有代价的，人类需要长期训练才能够发展出大规模协同文化。两位学者得出了一个有趣的结论：在现代崛起的国家都是农业中心区，古老的农耕文明和复杂新技术之间是有亲和力的。

格雷戈里·柯克伦和亨利·哈本丁说："公元前 8 000 年的历史已经书写了我们的今天。"按照这样的逻辑，中国人为与科学技术相遇并且亲和，也已经准备了数千年。中国人勤劳、守纪律的文化，需要和创新文化更好地融合。

中国基于 5G 的智能制造产业将继续为中国人制造所需产品，也将为世界市场制造产品，这是可以确定的未来。还有一个可以确定的未来就是：智能机器将弥补一部分产业工人的缺口，中国的社会老龄化可能不会像日本那样可怕。那么，这些和标准化制造脱离的人未来要干什么？如何获得一个稳定体面的未来呢？

在中国科学院做科技战略计划的何传启[5]先生将人类文明分成了几个时代，即原始文明、农业文明、工业文明和知识文明，我也同意这样的分法。不同的文明阶段有不同的伦理逻辑，人类需要在数字时代和知识时代学会新的生存之道，正如从狩猎人变成农业人、从农业人变成工业人、从工业人变成创新人或者知识人的发展过程一样，人类的主要工作就是创新和创造，在之前这是少数人要做的事情，在之后这将是大部分人要做的事情。“全民创新，全民创造”其实是下一个时代的天然要求，每一个细微领域中都有产生新知识的潜力。

彼得·德鲁克写了一本著名的书，叫作《工业人的未来》[6]。认为工业人组成工业化国家有两条路可以走：一条路是秉持存量思维，焦点在有限存量财富上，要去掠夺财富；还有一条路是解放个体，用智慧进行破坏性创新，用知识创造新价值，这显然是一种增量思维。人需要有自由创造的权利，如果从管理学上来说，也可叫作“自我管理”，它是21世纪的管理学。书中有一个重要的篇幅，讲的是人在5G时代如何进行自我管理和通过学习进行自我赋能。

人类驯养着技术体，技术体也在驯养人类，如同人类培植稻米和小麦，人类也被稻米和小麦培植一样。知识人的价值就是要驾驭知识，要有一种刨根问底式的好奇心，每一个人存在的价值就在于代表人类掌握某一个细分领域的知识。科学发现在于公式之中，但是工程技术却在细节之中，失去了工业制造业，也就失去了体验大量细节知识的环节。5G时代，是互联网和传统产业产生深度融合的时代。拥有完整制造业产业链的国家和地区，也最可能产生大量的科学技术成果，基础科学代表一种精神，而应用科技则代表一种价值。

现在和未来，科技成就和数学成就就是衡量一个国家对于全人类所做贡献的标尺。我一直觉得5G时代的到来，人类才迎来了真正的学习革命。终身学习成为每一个人的基本需求。

5G比4G快，但快的不是一点点，而是可以引起质变，可以改变世界。5G将如何改变世界，本书中有一些设想，希望跟所有人分享。

目录

第一章　国家赛道 / 1

1. 500 年，静悄悄的历史转折点 / 2
2. 美国情绪不稳定的背后根源 / 9
3. 从 1G 到 5G，世界通信简史 / 15
4. 我们处在一个大融合时代 / 30
5. 5G+AI：推动西方再工业化 / 37
6. 规模、工程整合度和技术整合度的竞争 / 45
7. 赛道：5G 都是中美两国的战略 / 57
8. 5G、6G，更激烈的全球竞争时代 / 67

第二章　社会机器影响决策权 / 71

1. 社会改变 5G，5G 改变社会 / 72
2. 第四次工业革命的神经元 / 77
3. 物联网：一万亿个新关系 / 82
4. 大数据洞见：集群涌现底层规律 / 87
5. 支点：5G 其实是社会经济进化的飞跃 / 92
6. 社会机器：人类成为二把手 / 96

第三章　企业家应用创新的契机 / 99

1. 企业家就是解决“5G 怎么用”的问题 / 100
2. 5G 是一种超级商业渠道，能够传输体验 / 103
3. 虚拟空间整合实体空间 / 108
4. 5G，下一代巨型企业的襁褓 / 114

第四章　长长的坡道 / 119

1. 中国，下一个黄金十年 / 120
2. 忍一忍，5G 应用是一种远景 / 127
3. 高成本是捆绑场景革命的绳索 / 130
4. 城市再造战略：智慧城市是未来创新中心 / 135
5. 5G 给发展中地区一种垂直型超越机会 / 140

第五章　个体赋能和行业赋能 / 145

1. 通信运营商回到中央舞台 / 146
2. 数字资产的爆炸性增长 / 152
3. 5G=商业 × 科技 × 创意质量 / 157
4. 科技是第一生产力，文创是第二生产力 / 161
5. 行业赋能驱动力：各自寻找自己的解决之道 / 166

第六章　人机协同和创新革命 / 171

1. 终极视觉革命：在眼前呈现一个逼近真实的人和世界 / 172
2. 脑机：人脑和人工智能的融合趋势 / 178
3. 超越 PC，超越手机 / 183
4. 垂直应用终端崛起 / 186

第七章　应用场景 / 193

1. 分布式边缘计算：为小企业赋能 / 194

2. 5G 区域：光纤网络、机器人矩阵和数据融合推动智能制造 / 200

3. 智能合约付费推动零售变革 / 205

4. 5G 带来的教育革命 / 210

第八章　5G 思维 / 215

1. 科学停滞与技术突破 / 216

2. 中国开放式创新：建立“人类命运共同体” / 222

3. 匹配商思维，建立更精准的社会 / 227

4. 大规模横向脑力协同思维 / 232

第九章　新的社会病和冲突 / 237

1. “精神鸦片”战争：虚拟世界 VS 现实生活 / 238

2. 5G 时代的战争新样式 / 242

3. 信息时代将是少数人胜出的社会 / 247

4. 技术依赖症和独立性的丧失 / 251

后记　如何在 5G 时代展开行动计划 / 255

引文和关键词注释 / 260

第一章　国家赛道

500 年，静悄悄的历史转折点
美国情绪不稳定的背后根源
从 1G 到 5G，世界通信简史
我们处在一个大融合时代
5G+AI：推动西方再工业化
规模、工程整合度和技术整合度的竞争
赛道：5G 都是中美两国的战略
5G、6G，更激烈的全球竞争时代

1. 500 年，静悄悄的历史转折点

马可·波罗时代，西方历史上曾经高看东方社会的发展，现在东方社会也在高看西方社会的发展。这个相互认知的历史游戏，一个小周期就是几百年。现在，美国视中国为综合性的竞争对手，而中国则将美国视为不可或缺的合作伙伴。

中国人在科学和技术工程领域，以及对于“远方”的好奇心方面，真的需要再称呼欧洲人、美国人一声“师傅”。假设没有欧洲文艺复兴和先辈推进的一波全球化，我们无法想象中国现在是什么样子。农业社会内卷化的社会伦理及农业经济所形成产出和消耗的基本平衡，虽然是一个有序稳固的社会结构体，但几乎不会产生剩余资本。现代经济和科技能力也很难从内部生长出来。中国人的开放精神中，其实包含了几百年封闭环境中所付出的历史代价，对于封闭发展模式，只要一谈及，立即就会使人有很强的触痛感。没有创新知识导入的社会，迟早会陷入“马尔萨斯陷阱”[7]，不仅仅国家要警醒，大企业也同样需要警醒。

新加坡国立大学李光耀公共政策学院院长、新加坡前外交官马凯硕（Kishore Mahbubani）[8]认为：中国在过去的 1 800 年里，直到 1820 年，一直维系着全球最大经济体的位置，同时也是人类最大的知识生产者之一，但是在过去 500 年甚至更长的时间里，和其他大洲的国家相比，中国失去了作为主导性知识创造者的地位。马凯硕同时也说，印度和中国的角色一样，在近代欧洲崛起之前，印度也一直拥有巨大的经济总量，在全球也是一个重要的文化角色和经济角色。

哈佛大学政治学教授格雷厄姆·艾利森[9]写了一本非常著名的书——《注定一战：中美能避免修昔底德陷阱吗？》，他是提出“修昔底德陷阱”概念的人，认为守成大国和崛起国之间的战略竞争可能是一种历史的规律，这个概念在美国政坛之中抛出了一颗震撼弹。人们（包括管理者阶层）有时候并不深入分析事实，而很容易变成假想性概念和情绪的俘虏。美国政府和一些战略规划者将中国认定为“最大竞争对手”，都和这一类概念的传播相关。艾利森也意识到中国回到历史正位的概率已经很高了。在这本书里，他问李光耀：“中国会不会（在经济上）超越美国？”李光耀没有直接回答他，而是说了一句话：“中国是世界历史最大的参与者。”

中国在任何一个领域的回归都是很正常的事情。在李光耀的眼中，东方超越西方是很正常的事情，中国、日本、印度，以及东南亚国家的总体经济规模要大于西方，超越是理所当然的。日本和“亚洲四小龙”的崛起已经证明了这一点，在知识创造和生产领域，东方人也具备很强的创造能力。偏见并不代表现实，假若研究“八股文”换成研究数理化，中国照样可以产生超过任何一个西方国家工程师的群体。

大部分的观察者在观察社会快速变迁的时候是滞后的。正如英国有一些老的战略学者和民众到今天还沉浸在“日不落帝国”的荣光里，并且将英国看作一个全球性的领导型的大国存在。近几十年来，东西方的发展在逐步走向均衡，非西方的产出已经和西方经济逐步实现了平衡，并且稍有赶超。

当下的主要问题是，当美国在实力上和主要国家经济体之间已经在逐步均衡的时候，美国战略决策者群体还停留在压倒性力量的旧时代。对于绝对力量时代的怀念，让这些决策者还在遵循 50 年之前的行事原则，20 世纪 80 年代对于日本的胜利，90 年代对于苏联的胜利，让同一批决策者觉得完全可以用同样的方式让中国回到被无视的配称型力量时代，让中国成为那种可以在天平两边被人拿来放置的砝码。

5G 作为第五代通信技术，使中国获得了在技术整合度方面的领先优势。通信技术是人类社会半个世纪以来发展最快的技术之一，可以认为是龙头型的技术系统。美国在 5G 技术领域跟中国企业过不去，原因是深层次的。美国的战略规划者懂得信息技术的重要性，毕竟美军最好的指挥系统就是信息中心战模式，率先发起信息革命的组织机构最早就是美军，信息系统是美军战力的倍增器。和工业时代的机械化军队不同，信息化军队对于机械化军队是一种代差式的碾压态势。

信息产业是效能型产业，在太平洋战争中，美军凭借先进的电子技术在战役战术行动中对日本海军占据了巨大的优势，总是能够做到先敌发现、先敌摧毁。第一次海湾战争之中，美国同样秉持了这样的优势——发现即摧毁。

在最关键的技术领域，美国失去了其绝对领导者的地位，意味着美军的战力优势也被削弱了。中国人的信息优势很快就能够转化为军事优势，迅速跟上新一轮的军事革命，从而消弭军事领域的大部分代差。“制信息权”[10]是美军必须要抢占和强占的技术高地，美军管理结构的扁平化变革，得益于其先进的信息技术优势。中国能够获得比较好的信息技术领域的优势，意味着不仅在军用领域有一个大的进步，在企业的信息管理方面也将有一个飞速的进步。

中国著名风险投资家、洪泰基金创始人盛希泰[11]在演讲中说："宋朝以来，中国作为知识创造大国，之后错过了所有的技术革命。300 年前，英国引领了人类的'第一次工业革命'，即工业革命 1.0，代表产品为蒸汽机；美国引领了 19 世纪末的'电气革命'和 20 世纪 50 年代开始的'信息革命'，即工业革命 2.0 和 3.0；现在，全球正在进行工业革命 4.0，很幸运，中国人没有在新一轮的工业革命中缺席，并且成为重要的引领者之一。"

盛希泰的分析框架之中，有几个很重要的点：中国人在过去的 40 年里有一个重要的飞跃，突破了"刘易斯拐点"，顺利地从"人口红利"阶段进阶到"工程师红利"阶段。凭借世界最大的工程师群体，中国企业能够从产业链底端逐级攀爬，进入高端制造业和高技术领域，巨大的工业工程和科学工程投资建设过程中，培养了大批具备临场知识的工程师和产业技工群体。华为就是典型的"工程师红利"的产物之一。

盛希泰相信市场的力量，他说："十年之前，在把硅谷创业者和国内创业者比较之后，我发现一个很沉闷的问题，硅谷创业者重视硬核科技的发展，在项目展示过程中，大约有 30%是技术创新领域；而国内，只有 3%的创业者项目和硬科技相关，其余都是在商业模式领域的创新。现在这个数据在大幅度改变，越来越多的项目是硬科技领域的创新。在全球，48%的'独角兽'出生在中国，位列世界第一。"

科学技术发展是静悄悄发生的，在中国一线城市的写字楼和研究实验室之中，夜灯长明。在本书的写作过程中，我也带着问题，邀请盛希泰参与一些讨论，希望他能够用自己的数据感知来提供一些超越性、标志性的证明。盛希泰回答说："看看 2011 年到 2018 年，中国的人工智能专利增长了多少倍？我做了一个数据比值，是 846 倍。当中国人觉得模式创新的结果不如科技创新的时候，科技创新也就真的来了。”

盛希泰的意思我是理解的，飞速追赶型的现代化已经完成，但是很多领域和西方科技相比，还是滞后的，谁也不比谁聪明，谁也不比谁笨，西方出发得比较早，之前投入了大量的资源做研发，成果多也是正常的事情。但这是一场存量竞争和增量竞争的新游戏，速度其实是一个重要的参考因素，追赶相对容易，但是超越很难，中国人引领技术革命的进程，未来还需要再观察。

在长江商学院内部也有一些讨论。我就提出过“独角兽指数”一类的分析模型，探讨东西方主要城市的创新能力。独角兽企业是由年轻企业家引导的资源整合过程，产生独角兽企业的地区，市场元素组合的效能很高；企业家精神比较旺盛的地区，往往具备较强的创新能力。科技研发要变成应用科技，需要发挥企业家的核心作用。独角兽企业的密集度是足以说明地区创新能力的指标。下一代巨型企业完全有可能在这些新企业中产生，这种生生不息的机制建立起来，是社会经济运转的主导性因素，这种超越是安静的。独角兽指数本质上是一种社会效能指数，是综合竞争能力和大规模创新元素协同能力的胜利。尽管这些独角兽企业也是生生死死，但是背后所折射出的能量体系却是雄浑有力的。有些落后地区连一个杰出的企业都没有，这也说明了经济体产业竞争力的问题。

谈吐幽默的美国问题研究专家、中国人民大学国际关系学院副院长金灿荣[12]也提供了一个转折性的标志物。他说：“055 型导弹驱逐舰是东西方发展的一个转折点，这是 15 世纪以来的一个转变，055 型导弹驱逐舰第一次和西方海洋霸权的主战兵器达到相同水平，并略有超越。这一驱逐舰的信息化水平已经占据领先地位。现在中国和海洋霸权国之间不存在整体的技术差距，主要差距体现在存量和增量转变的发展过程中。”

5G 技术发展到现在，从一些企业的成就来看，那是中国在信息技术领域获得的产业优势的统称。尽管在产业生态如操作系统领域还是西方公司主导，但是在军事工程领域，这些信息技术已经开始溢出，中国能够生产出一流的军事装备，这个意义在于中国能够保护自己的核心资产，美军的“上帝之鞭”无力在中国市场内部制造动荡，只能将资本驱赶到华尔街去焚烧。这是发展的前提。

中国科学技术大学副研究员袁岚峰说：“如果回首十五年、二十年、三十年，那时候我们对于高科技竞争的认知，从高层到科研人员，都是迷茫的，甚至缺失常识。但是今天，我们参与了全球高科技的竞争，其实，从某种程度上看，我们就已经胜利了。”

如果说文明的融合一个周期往往就是一个千年，那么这就是千年的视野。比如佛教传入中国，和中国文化水乳交融，成为中华文明的重要组成部分，这个过程的时间之长，是超越人们的想象的。东西方的文化交融，已经经过了几百年的时间。我在和学生交流的过程中告诉他们，这几百年来，我们可能是最幸运的一代人，因为我们亲历了这种信息技术带动的知识大爆炸的年代。从中国追赶到中国全球贡献的时代，中国人能够在知识领域为整个人类创造更多的知识。换句话说，我们的技术追赶型的进程已经接近完成，但从低质量量变到高质量量变之间是线性的进步，从高质量量变到质变才是真正的跨越。

我将开放精神和科学文化看成是宋朝以来最大的文化移植，在文明史上媲美佛教文化进入中国对于中国文化产生的影响。这是中华文明和科学的大会师，科学创新已经进入中国人的文脉骨髓，从此成为中华文化的主体文化之一。这种影响足以向后世释放数千年。

5G 科技之战，以及其他技术类的国际竞争，为中国科技发展再一次地进行了一种全体动员。

从国家发展的历史经验来看，在超越之后的自我封闭，往往导致开放精神的缺失，继而丧失主要知识创造者的地位，这是历史教训。从企业的视角来看，彻底的开放精神，在开放中隐忍和包容，是企业在未来屹立不倒的秘籍。

5G本身改变不了世界，掌握5G技术的人和他们的决心才能够改变世界。从全球战略视野来看，5G只是全球下一波发展的“开胃菜”，更大的历史使命在于征战星辰大海，向未来千万年释放创新的力量。

2. 美国情绪不稳定的背后根源

美国硅谷著名的天使投资人彼得·蒂尔（Peter Thiel）[13]在其著作《从 0 到 1》之中坦承，人类在原子创新领域进展缓慢，而在比特创新领域进步很快。如果在 20 世纪下半叶去掉了信息技术方面的进步，则人类在物质创新领域和其他基础领域的技术发展是缓慢而低效的。他认为：生物技术、太空探索、能源替代领域进步很小，包括美国政府和大企业在物质重资产领域缺少战略决心，绕过了人类需要解决的最大问题，而选择了集中力量在互联网领域进行投资，这将耗尽前人在基础科学方面拓展的知识边界内的资源，社会应该呼唤原始创新。

信息技术领域带来的技术大爆炸，掩盖了基础科技进步缓慢的现实。美国战略家群体从自傲到不自信的过程，在于美国本身在科技发展和产业发展领域已经撞上了一堵厚重的“墙”。全球 5G 技术和人工智能技术系统的发展路径说明，美国其实也没有什么隐藏的“战略黑科技”，美国遇到的这堵墙，是基础科技本身和投入不足带来的障碍，而不是美国科学家丧失了应用现有知识的能力。

在全球，美国政府对于中国 5G 技术的限制和阻碍，引发的批评声音是比较大的。美国战略决策层知道这种做法的后果，即割裂技术发展链条，引起全球市场的动荡，其反身性对于美国文化精神、信誉的伤害可能是永久性的；而且，在战略层面上的人在语言表达上应该是冷静的，但是这种情绪性的攻击性语言开始占据了媒体空间。曾经从容自信的美国哪里去了？背后的根源是什么？我们需要一个解释框架。

2008 年经济危机到现在，已经有十几年了，美国大企业和美国政府并没有革命性的创新，美国的技术家底已经无力让新一代企业家再全面引领一场人类的产业革命。尽管信息技术产品还在不断地迭代，但这是技术改进的模式，并不能保证美国在一些关键领域获得绝对优势，甚至保持相对优势也比较困难。

从科学的角度来阐述，现在的技术工程是构筑在 20 世纪上半叶和更早的物理学、化学、数学、生物学进展的基础之上的。原生创新大多数都是 50 年之前科学家的天才发现，现在，作为德国之后的世界科学中心，美国也失去了原生创新和应用技术创新的战略连接。而这曾是美国崛起的国家战略之本。

横亘在美国面前的科学之墙，用最新的数据来观察，近期并没有突破的希望。中国经济和科技快速进步，也将很快逼近这堵墙。美国乔治梅森大学经济系主任、经济学家泰勒·考恩[14]是《大停滞？》一书的作者，他在书中表达了同样的观点。他认为：全球经济停滞的最主要障碍在于自 20 世纪六七十年代以来科技创新的停滞，已经不能够用经济荣枯周期来解释了。放眼全球，中国经济在整个人类经济发展中创造了奇迹，这种奇迹的本身得益于全球性知识的传播和再学习、再消化、再创造的过程。知识扩散的进程是不可逆转的，这是这个时代最大的趋势。互联网增进了人类之间的连接，庞大复杂的知识架构有了适用的工具。

在全球范围内，科学和技术的停滞是收入增长停滞的总根源。按照泰勒·考恩的分析框架，互联网经济对于人类社会的总体贡献和福利不如预期的多，尽管有很多人反对他的观点，但泰勒·考恩解释说，多数情况下这不是产业革命，而是经济的结构性再造，重塑经济结构不过是重新分配了财富。我觉得他的这个分析有一定道理。泰勒·考恩说："科技处于一个高位停滞期，而我们恰恰坐在最顶端。"接着他又说了一句发人深省的话，"美国崛起的过程其实是建立在欧洲大量的知识创造基础上的，但美国曾经拥有的'低垂的果实'基本被采摘完结了。"

南京邮电大学电子与光学工程学院副教授方承志对于技术停滞的思考，从时间线上看，比泰勒·考恩更早，大约早了两年时间。我将方承志和泰勒放在一起来看科技发展，方承志是中国看世界的技术视角，泰勒·考恩是美国看全球的视角，融合两个视角，能够更好地看待 5G 竞争之下的大环境和大背景。美国的尴尬处境和中国的历史机遇在同一个时空里叠加，二者之间产生一些错位摩擦的事情，也算正常。

根据上述时间线，中国互联网政经领域观察家冷哲在 2009 年提出中国是"发达国家粉碎机（Developed countries pulverizer）"概念，这是一个不严肃的自设靶子的"招打"概念。当然，冷哲认为这不是他首先提出的概念，而是国外智库的词汇。这忽略了语言的反向力量，中国的市场观察家需要思考自己的语境和词汇，因为中国已经是全球性的国家，表达需要考虑到全球跨文化特性，毕竟，我们想要海外市场，就需要一种共赢式的信仰，形成"知行合一"的中国商业文化。我在欧洲和企业家接触了解到，他们也知道这个概念，并且他们也有自己的臆想，认为中国国有企业将在一个个战略市场将他们赶尽杀绝，将他们从产业链高端赶下来，而不是在高端进行战略合作。

他们也是“阴谋论”的感受者。这种观点，在客观上为中国高端科技企业进军全球主要发达国家市场造成一定的观念障碍。

在全球化时代，商业观察家即使在互联网上发表自己的观念，也需要表现出理性的专业精神，即使用汉语表达，也会有无数的中国通在阅读这些观察家们表达的观念。中国 5G 技术系统的领先地位，也正在被一些国家拿来做“阴谋论”的素材。但其真正的根源却是全球集成电路产业和信息技术领域早就到达了一个瓶颈期。方承志先生说：“晶体管（集成电路）和信息技术革命只是一个特例，并且在 2001 年后，进入了一个同样的停滞时期。”

读者如果对于华为和中兴这些中国通信技术领先者的发展进程有所了解的话，就会发现，这 20 年间，正是中国数字通信技术从全面落后、全面追赶、局部领先到局部领跑的进程。“摩尔定律”[15]日益逼近技术极限，技术系统本身都处于一种小步迭代的微创新条件之下。这是进行技术追赶的最好时机。但美国是金融立国的国家，美联储和华尔街运用金融手段来为经济打“强心针”，巨大的资本流向了各个地方，军队配合华尔街资本，一直在进行全球性的资本围猎游戏，但是并没有投入到基础科研和战略产业方向上。美国自己的战略失误也给中国等国家在技术领域的赶超提供了机会。

基础创新的难度大增，资本主导的短期逐利性，难以从人类全局来思考解决人类遇到的最大问题，在资源配置领域，逐利性欲望全面覆盖了对于全人类科技的使命感，当探月等巨型科学工程都给不出预算的时候，期待基础突破就难了。用一句中国的流行语来表达，就是美国战略管理层现在也陷入了“杀死诗人嫁给会计的时代”。

技工红利和工程师红利由于制造业空心化，也已经丧失掉了，互联网无力支撑数亿人口获得中产阶层的生活水准，少数巨型企业和华尔街巨富在获得巨量财富的过程中，并没有创造长期稳定的适合中产阶层的大量工作机会。

顺便说一句，印度信息技术领域的成就也有同样的弊病，少数人成为信息技术领域的受益者。印度和中国应该是天然的好友，两国面临的共同问题都是面向大众的人力资源开发，需要发展能够普惠大众的产业结构。

创新领域和技术工程的复杂性对于大规模协作和个体专业素质提出了极高的要求，大型企业需要在信息技术系统管理和巨大物质技术工程领域的每一个细节知识之间，有完美的融合能力。本书表达的重点，是主要考察一个经济体能不能够建立“创新为基础的复杂管理结构性组织”，技术和创新经济的背后是人，能够同时驾驭基础科技、应用科技、临场工程技术知识、市场和跨文化适应性、资本和信息技术管理的大公司，是 5G 时代的标准能力指标。华尔街资本主导型的力量，单一市场要素，或者两个要素（基础研究成果）驾驭不了这样的复杂性。

巨大的技工群体和工程师群体是这个时代最具生产力的核心力量。很可惜，在去工业化的过程中，美国制造的产业链已经基本嵌合到全球分工体系中来了。现在，美国战略家们想要产业链回流到北美大陆，这种可能性是存在的。但是肯定需要等到 5G 全面落地、人工智能技术在制造流程中全面应用之后，这个时间可能是几年，也可能是几十年。智能机器需要在传统的制造场合中获得巨量数据才能够经过训练变成机器产业工人。这里有一个悖论：没有传统工厂集群，就很难建立智能工厂机器，因为在人工智能时代，最重要的资产是数据，而不仅仅是机器。工业 4.0 绕不过工业 3.0，产业链已经分布在全球了，其实产业链上系统知识和数据也就分散到全球了。在这里，我们就能够理解保持完整产业链条的重要性。

美国战略管理层“非市场方式压迫制造业产业链回到美国”的决策模式显然不会成功。因为市场在哪里，消费者在哪里，企业就会出现在哪里。中国市场本身的消费规模很快就将超越美国，消费市场的魅力是无法阻挡的。

寻求短期逐利的美国战略管理层，他们的敌人是整个全球化时代。在这个时代里，美国更好的定位是全球化领域一个重要的战略节点，而不是霸权中心，称霸市场的概念和自由竞争的概念是对立的，反市场竞争，这违背了自己国家两百余年的立国信条。

5G 时代的企业管理，需要更加强大的领导力，我将之称为“5G 数据领导力+领导者决心”。美国战略家和一些大企业家现在确实焦虑，因为全球领导力的缺失其实是和技术停滞一样呈现严重的局面。历史的天平正在悄悄地倾斜，当下的 5G 全球竞争只是全球性知识大转移的一个序曲，盯着一两年的变局，往往看不到趋势。如果我们站在 2030 年的视角回溯一下现在，很多事情就会看得更加清楚。

3. 从 1G 到 5G，世界通信简史

在人类通信技术领域的发展过程中，19 世纪八九十年代是一个群星璀璨的时代。那时候最时髦和前沿的学科是电气技术。电磁学和电力学是两条不同的科学技术分野：电磁的主要应用市场指向弱电通信领域；电力学应用正在引领一场能源革命。

人类“第一次工业革命”是从现象观察和钢铁材料加工技术引发的产业革命，技术应用正处在在孵化科学的阶段。“第一次工业革命”是由瓦特这样的工程师引领的，蒸汽机集人类两千年技术之大成，人类第一次掌握了机械动力。

但“第二次工业革命”则不同了。1873 年，英国物理学家 J.C.麦克斯韦在其《电学和磁学论》著作中最先指出了光速电磁波的存在；1887 年，德国物理学家 H.R.赫兹在实验中发现了电磁波，验证了麦克斯韦的电磁理论。杰瑟夫·约翰·汤姆逊继续前进，用实验发现阴极射线发出的波，是一种带负电的阴极射线粒子，这是一个比原子还小的粒子，这种粒子被著名物理学

家斯托尼称为“物质的原始电子”，简称为“电子”。

电磁波是一种波，电子是一种粒子，在波粒之间催生了量子物理学的探索和实验，那又是物理学的一片天地（具体到无线电通信频率频段，如表 1-1 所示）。美国人德福雷斯特发明了真空电子二极管和三极管，触发了无线通信革命。1895 年俄国物理学家 A.C.波波夫和意大利物理学家 G.马可尼，分别成功地进行了含有编码信息的无线电通信试验。

表 1-1　无线电通信频率频段表

段　　号	频 率 名 称	频率范围（含上限不含下限）	波 段 名 称	波长范围（含上限不含下限）
1	极低频	3 ~ 30 赫	极长波	100 ~ 10 兆米
2	超低频	30 ~ 300 赫	超长波	10 ~ 1 兆米
3	特低频	300 ~ 3000 赫	特长波	100 ~ 100 万米
4	甚低频（VLF）	3 ~ 30 千赫	甚长波（万米波）	10 ~ 1 万米
5	低频（LF）	30 ~ 300 千赫	长波（千米波）	10 ~ 1000 米
6	中频（MF）	300 ~ 3000 千赫	中波（百米波）	10 ~ 100 米
7	高频（HF）	3 ~ 30 兆赫	短波（十米波）	100 ~ 10 米
8	甚高频（VHF）	30 ~ 300 兆赫	超短波（米波）	10 ~ 1 米
9	特高频（UHF）	300 ~ 3000 兆赫	分米波（微波）	10 ~ 1 分米
10	超高频（SHF）	3 ~ 30 吉赫	厘米波（微波）	10 ~ 1 厘米
11	极高频（EHF）	30 ~ 300 吉赫	毫米波（微波）	10 ~ 1 毫米
12	至高频	300 ~ 3000 吉赫	丝米波（微波）	10 ~ 1 丝米

推动“第一次产业革命”（或简称“工业革命”）的人是技术工程师；推动“第二次产业革命”（或简称“电气革命”）的角色就是基础研究的物理学家了。自此，人类进入了科学引领技术的新时代。

而这个时代，正是中国晚清“洋务运动”的启蒙时代。美国物理学家亨利·奥古斯特·罗兰（Henry Augustus Rowland，1848—1901 年）[16]于 1883 年在一次演说中说出的一段话至今值得回味。他说：“我时常被问及这样的问题：纯科学与应用科学究竟哪个对世界更重要。为了应用科学，科学本身必须存在。假如我们停止科学进步而只留意科学的应用，我们很快就会退化成中国人那样，多少代以来他们没有什么进步，因为他们只满足于科学的应用，却从来没有追问过他们所做事情的原理。这些原理就构成了纯科学。中国人知道火药的应用已经若干世纪，如果他们用正确的方法探索其特殊应用的原理，他们就会在获得众多应用的同时发展出化学，甚至物理学。因为只满足于火药能爆炸的事实，而没有寻根问底，中国人已经远远落后于世界的进步，以至于我们现在只将这个所有民族中最古老、人口最多的民族当成野蛮人。”

晚清在讨论“要不要学西方、怎么样学西方”的争吵之中走向落寞，清朝的统治者几乎完全忽略了这次激动人心的科学和技术革命。西方科学家没有一个人能够成为中国人的座上宾，中国人几乎“完美”地错过了这次革命，一切和中国人无关。

按照中国人的时间算法，一百多年是短的。一百多年后的 2016 年，华为创始人任正非对媒体说：重大创新是无人区的生存法则，没有理论突破，没有技术突破，没有大量的技术积累，是不可能产生爆发性创新的。华为正在本行业逐步攻入无人区，处在无人领航、无既定的规则、无人跟随的困境。华为跟着别人跑的“机会主义”高速度，会逐步慢下来，创立、引导理论的责任已经到来。

中国人用一百年的时间，迅速补上第一次、第二次和第三次“工业革命”落下的全部进程，现在站在了工业革命 4.0 的门口。科学引领中国已经是中国几乎所有人的共识，因为中国发展的根本动力就来自于科学和技术。

从调幅时代到调频时代，无线通信分为模拟电子技术时代和数字电子时代。这种跳跃同样基于基础科学原理的创新。这一次，引领变革的是数学。

美国数学家克劳德·艾尔伍德·香农（Claude Elwood Shannon）在 20

岁时就展开了对于信息论与有效通信系统的研究。作为那个时代的年轻天才，香农具有很好的数学天赋，经过 10 年的努力，1948 年，他在《贝尔系统技术杂志》（*Bell System Technical Journal*）上发表了影响深远的论文《通信的数学原理》，次年发表了另一篇《噪声下的通信》。这两篇论文是数字通信领域的奠基之作，香农也因此被誉为“信息论之父”。

香农在论文里给出了信息系统模型，给出了数学表达公式。这也是大部分人大学时代的专业课之一，这个表达函数公式是：$C=W\times\log_2(1+S/N)$（bit/s）。其中，C 是码元速率的极限值，单位 bit/s；W 为信道带宽，单位 Hz；S 是信号功率（瓦），N 是噪声功率（瓦）。在恶劣的高斯白噪声干扰的信道中，传送最大信息速率的带宽限制条件被提出来。也就是说，信道容量、信源统计特性、信源编码、信道编码相互制约关系构成了无线通信的技术极限。

这样的数学公式比较简单：信号需要扛得住干扰，信号强度随传输距离按指数式衰减，信道本身频率分配限制，使得编码人员不断对于频率和信息进行切分和微分，含数字编码的信号衰减后再放大，编码算法和机器计算的效率成为技术竞赛的主要方式。

无线电爱好者、美国肯塔基州默里乡下果园的一名普通的瓜农内森·斯塔布菲尔德（Nathan Stubblefield）于 1902 年发明了一个无线电话装置，这种短距离磁场型通信方式在第二次世界大战战场上被美军一直使用。一个士兵背在身上的无线步话机，电子管电路是个大铁盒子，很笨重，但在战场上还是发挥了一定的作用。一直到 20 世纪六七十年代，美军、苏联的军队和中国的解放军都在使用这种模拟技术步话机。在老电影里用其呼叫炮火攻击的场面，人们应该很熟悉。

1954 年，马丁·库珀（Martin Cooper）进入美国摩托罗拉公司，研究军民两用通信产品，其后连续工作了 15 年时间，一直都在从事民用手机项目研究。马丁·库珀利用蜂窝组网理论解决通信系统频谱匮乏、容量小、服务质量差及频谱利用率低等的问题，利用不同的用户使用不同频率的信道，以此来实现通信。其频率复用、多频道公用与越区切换、蜂窝小区制划分和小功率发射等方式，这就是 FDMA（频分多址）技术，创造了利用模拟技术开启了移动通信时代。1973 年，为了显示摩托罗拉在通信领域的强大，库珀站在靠近曼哈顿的大街上，向华尔街资本市场展示了“Dyna TAC”大砖头手机的技术验证机，显示美国在该领域无可撼动的地位。此后，马丁·库珀和他的美国同事进行了大量的知识产权布局，构建了技术专利“护城河”，并在 1983 年推出摩托罗拉 Dyna TAC8000X 型手机，完成一些城市的交换机布网。虽然价格昂贵很不好用，但这意味着真正的民用无线通信时代的到来。

喜欢看 20 世纪八九十年代香港警匪片的人，在不少电影里会看到这样的场面：警察还在用固定电话和无线寻呼机（BP 机）的时候，黑社会老大已有了“大砖头”手机，他往往嫌弃这个手机太重，在边上会留一个比较看重的马仔专门拿着这个手机，或者打电话的时候爬到树上找信号。那时候，有个手机肯定是大亨名流的象征，这就是少数人的显摆型通信工具，开创了第一代通信（1G）时代。

在第二次世界大战中吃了大亏的日本，在战后将电子技术作为核心领域，通过举国之力发展微电子和通信技术。在家电模拟电子技术领域，日本有强大的竞争能力，日本的索尼、松下、三洋这些品牌令人耳熟能详。1979 年，日本建成并开发了世界上第一个蜂窝移动电话网。但在技术整合能力上，美国才是第一代通信技术的王者。相比之下，日本人用力过猛，将很多研发力量都投到了模拟电子技术领域，并推出模拟高清电视等战略产品构想。但美国人没有和日本正面竞争，而是“押宝”在数字技术的未来，此后，互联网的崛起和这些科技努力紧密相关。

面对美国在移动通信领域的霸主地位，欧洲不想让自己的市场完全拱手让给美国。欧洲在创新领域并不缺乏人才，也不缺老牌企业，但是缺少真诚合作抱团的意愿。为了和美国人抢占市场，欧洲人也和美国人一样，大量使用大规模集成电路、微处理器及数字信号技术，研究用数字通信技术淘汰大部分模拟通信技术。

例如，爱立信是于 1876 年成立于瑞典斯德哥尔摩的老牌通信企业，其创始人为两名聪明的工程师拉什·格拉斯·爱立信和安德森。爱立信创立的时候，其实就是一个修理铺。公司成立一年，爱立信和安德森帮助美国公司服务瑞典本地客户修理电话机，一边修一边学，一年就掌握了电话机制造技术，第二年就甩开了美国公司，自己造电话机了。作为有线电话机厂家，爱立信蛰伏了七八十年。爱立信在 20 世纪 70 年代开始布局数字技术，经过大规模投入做研发，板凳坐得十年冷，终于生产出来当时业界闻名的 AXE 交换机，获得了数字交换领域的“领头羊”地位。

移动通信领域的竞争，本质上是标准的竞争，这是一场代价昂贵的竞争游戏，企业需要投入大量的资金做研发，形成产品技术系统，然后寻求产业链上的主要企业进行票决，成为全球标准。爱立信等企业在欧洲政治家们的撮合之下，由欧盟组织出面搞一个通信标准。1982 年，欧洲邮电管理委员会成立了“移动专家组”，专门负责通信标准的研究。欧洲人期待这些大的高技术工程能够促进欧洲整体的团结，建立一种新的数字技术为基础的第二代通信系统（2G），并且努力将其立为全球的技术标准，这就是“全球移动通信系统（Global System for Mobile Communications）”，也就是大名鼎鼎的 GSM（GSM 最初是“移动专家组”的法语名称，即 Groupe Spécial Mobile，GSM 为其缩写形式），中国人称之为“全球通”。

2G 技术同样基于香农公式，即 $C=W\times\log_2(1+S/N)$ （bit/s）。2G 技术

将一个信道平均分给 8 个通话者,运用数字计算技术,做了很多的时间切片,一次只能一个人讲话,每个人轮流用 1/8 的信道时间。这就是 GSM 的核心技术思想,也就是 TDMA(时分多址)技术,它让通信质量和用户数有了飞跃,手机开始普及。

在 2G 时代,爱立信是真正的霸主,拥有 2G/GSM 领域 40%的市场份额和 2.5G/GPRS 近 50%的市场份额。在这个时代,诺基亚和摩托罗拉也迅速调整了自己的产品线,最终共同瓜分了移动通信的主要市场。

20 世纪 90 年代,中国国内通信市场,是通信运营商的天下,处于装一部电话也要敬烟、还需要预交几千元的装机费用的阶段,这种转嫁成本的策略虽然段位不高,但电信员工的收入水准却很高。在当时,中国靠引进交换机设备和国际品牌手机、BP 机建立了自己的庞大通信市场。2G 推进了通信市场全面的数字化时代,其中一个伟大的变革,就是计算机和通信技术的大融合。除了传统的语音通话需求,全球计算机之间的数据通信需求呈爆炸式增长,进入互联网数据业务承载的"多媒体"时代。

今天,我们看到的第一批伟大的互联网公司都诞生在 2G 时代,国外的如微软、亚马逊、雅虎、谷歌等,国内的如第一代门户网站新浪、网易、搜狐、百度、阿里巴巴和腾讯等。

传输数据报文,也被称为"分组交换业务",为了拓展数据业务,爱立信、诺基亚和思科都在为自己在下一代数据网络中各自占位、取得先机而竞争。20 世纪 90 年代中后期,上网数据流量费用高昂,数据传输业务多数都是在商业企业环境下使用,随着时间推移,固定电话拨号上网随着资费降低而逐步普及。即使 2G 演化出了 2.5G 通用分组无线服务技术 GPRS(General Packet Radio Service),但是上网速率还是很低,只有 115Kbps,显然无法满足用户的需要。

美国人发现自己在数据通信领域被欧洲设备厂商占了先，就一边打压欧洲厂商，一边加大了技术投入的力度，好在美国人在大规模集成电路领域具备强大的设计和制造能力。这个阶段，美国高通公司开始崭露头角了，做出了 2G 时代的新突破，采用了数据切分的技术思想，即码分多址技术，这就是大家熟悉的 CDMA 技术。高通公司基于数据处理的要求，这种技术思想建立的数据传输技术具有很强的抗干扰能力，安全且容量更大。

高通公司的创始人艾文·雅各布[17]是一个传奇人物，在麻省理工学院任教了 13 年，熟悉世界科技领域的发展规律，看准了通信领域的巨大机会。其早年都在做技术咨询类的工作，在 55 岁退休离开岗位之后和 6 个人一起创立了高通。55 岁还能够保持创业激情，这是值得称道的。

高通公司的发展路径比较特别，知道自己在 GSM 市场去做布网设备是没有竞争优势的。1989 年，为了推出自己的 CDMA 标准，企业管理层决定采用专利费授权的方式进行知识产权交易，将新的技术系统带入到应用市场之中。在当时，艾文·雅各布看好中国市场。在他看来，中国人渴望获得新技术，对于中国来说，可以尽可能使用最新的通信技术，中国运营商们采用用户“出份子”众筹的方式建立新的技术系统，规模化扩张压力不大，这种市场模式有利于高通在中国获得成片的市场。经过 10 年的努力，高通将中国经营成了全球最重要的市场。

由于中国有庞大的通信技术市场需求，中国人开始研究通信技术，从小的代理商和销售商开始，试着理解庞大的通信技术系统。在这方面，任正非就是一例。任正非离开军队之初就进入了南海石油集团，正式开启了他的“企业管理”生活。1988 年，44 岁的任正非在南海石油集团做一个部门的副经理时，把价值 200 万元的货物发给对方，但对方收到货之后却消失了，就这样被骗了，200 万元的货款收不上来，他因此被雇主除名。后来，他遇上了在退伍后认识的 5 个好友，6 个人一起筹措了 2 万元，创办了华为公司，从做交换机代理商开始，奔向了创立另一个伟大公司的征程。

在当时，由于人们对移动网络的需求不断加大，以及 2G 在发展后期暴露出来的 FDMA（频分多址）的局限，发展 3G 已成为迫切的现实需要。主要科技大国都已经充分认识到拥有自己的标准是市场竞争的制高点，正因为如此，3G 就拥有了三个相同又彼此不同的技术标准：欧洲为 WCDMA 标准；美国为 CDMA2000 标准；利用自身的庞大市场，中国推出了 TD-SCDMA 标准。从作为旁观者到 3G 时代的三分天下，可以看到中国人在通信技术领域的追赶速度。

从 2G 时代的 115Kbps 拨号上网网速到 3G 时代的 WCDMA 理论下行速率 14.4Mbps，实际用户下行速率大约在 300Kbps 左右，数据通信市场从图文传输到真正的多媒体时代，电子商务和音视频网站开始崛起。典型的中国公司是京东，刘强东在创立京东电商网站之前，一直做光磁存储生意，他将自己的企业定位为多媒体公司。2003 年，刘强东放弃了 95%的光磁产品营收，开展电子商务，在社交论坛的基础上建立了京东商城，在几年之内一跃而起，如今已经成为中国 B2C 领域的主要电子商务服务商。

里德·哈斯廷斯（Reed Hastings）在 1997 年创立了奈飞公司（Netflix），作为企业的首席执行官和联合创始人，曾运营着美国最大的光碟租赁连锁店，他和同事决定放弃线下业务，里德有一句名言："DVD 是过去，流媒体是未来。"如今，作为付费在线会员体系的创立者，奈飞公司已经成为全球最大的网络影像产品版权运营商之一。

3G 时代的技术霸主是高通，三大标准均建立在高通的专利池之上，这让高通赚得盆满钵满。在同样的频谱下，CDMA 的用户容量增长可以达到 10 倍至 20 倍。居安思危是高通的战略，高通在这个市场中看到了危机，单纯的带宽增长并没有带来更加深入的社会变革，消费者的图文阅读习惯并没有立即转化为视频观看需求，3G 对于语音沟通来说，已经足够优秀了。60 多岁的艾文 · 雅各布憧憬着通信带来真正的社会变革，但理想中的变革并未到来，他感觉行业遇到了应用危机，于是，布局随身计算就成为高通面向下一个时代的主攻方向。

1999 年，高通放弃了通信系统和手机业务，聚焦力量，研发移动通信芯片。这个战略变革是值得称道的，因为放弃 60%眼前的营业收入而拥抱不确定的未来，这是战略决策者的魄力，也说明了高通的技术信仰。正是通过这样的布局，让高通成为移动通信市场的主导者。

美国在 IT 技术领域具有很多企业家和技术思想家结合在一起的综合性人才，这其实也是美国持续强大的密码。这使得美国的主要技术资源都能够在正确的企业家手中发挥作用，而且，美国政府在自己的企业竞争能力受到威胁的时候，可以使用“长臂管辖”方式，长长地伸出手去压制全球企业，让美国公司能够有空间获得一个好位置，“持剑经商”是美国人的传统。美国是一个桌面上的资源整合能力和桌面下的手段结合得很好的国家。

1999 年，已经回到苹果公司的乔布斯在接受记者采访的时候，曾经明确地告诉媒体，未来是移动互联网的时代。乔布斯改变了苹果公司庞杂的产品线，砍掉了绝大部分项目，只留下少数几款计算机，秉持“少即是多”的理念，用极简的哲学对抗市场的复杂性。通过资源整合，向移动互联网转型，成为苹果公司主要聚焦突破的方向。

从 2G 到 3G，从 3G 到 4G，其实不是技术革命，而是技术不断自我迭代的过程。技术分成更多的标准，但是不同的技术标准之间通过协议兼容。4G 时代追求更高的带宽和上网速率，典型的技术标准为 4GLTE（Long-Term Evolution，长期演进和迭代型技术），被称为 3.9G，在兼容 3G 网络的同时，其理论技术指标在 20MHz 频谱宽度之下，下行速率 100Mbit/s，上行速率 50Mbit/s。并且向下兼容，几乎可以满足所有人对于上网的需求。在中国用户当中，一般下行速率大体上在 1M 左右。

2010 年左右，中国通信市场和互联网市场就已经足够强大，中国市场倾向于哪个标准，哪个标准成为世界标准的可能性就大增。中国移动是中国最大的电信运营商，决定拥抱 LTE 技术系统，经过修订和发布 TD-LTE 标准，向下兼容 2G 和 3G 网络。2013 年中国的 4G 网络正式商用，国际主流通信厂商也跟随并接受这一标准；次年，全球基于 TD-LTE 商用标准的国家和地区就达到了四十多个。

诺基亚、三星等企业是 3G 到 4G 时代的主要受益者。真正创造移动互联网的公司开始了自己的历史征程，建立一个标准化的移动终端成为兵家必争之地，但是未来的手机是什么样子，谁也不知道。

时间回转到 2007 年，彼时的诺基亚是全球手机业中的霸主，其全球手机占有率达到了 38%，利润冲到新高，生产、制造、供应链网络遍布全球。在市场观察家的眼中，这是无可撼动的行业地位，包括诺基亚的管理者也是这样认为的。但在技术市场中，霸主翻盘的事情已经发生了多次，但这一次的霸主替代，缘于苹果公司和诺基亚公司对于不同用户价值的理解，换句话说，这是对于消费者洞察能力的竞争。

2007 年 1 月 9 日，乔布斯在 Macword 宣布推出 Apple2 这种全新概念的手机，并于 2007 年 6 月 29 日在美国市场上市。该手机采用 iOS 操作系统和无键盘触控屏技术，立即在市场上获得了爆发式的增长，以至于外界评论说“乔布斯重新发明了手机”。乔布斯创造了智能手机新的时代，他的设计理念也成为全球手机设计领域的标准。苹果公司也由此成为历史上市值最高的公司之一，在长达数年的时间里，市值达到了万亿美元以上，成为真正富可敌国的公司。

由于消费者洞察力的不足，没能对市场做出及时、有效的反应，导致诺基亚兵败如山倒。在苹果公司推出 iPhone 两年之后，诺基亚出现了亏损。在坚持了几年之后，到了 2013 年，被微软收购。在被收购的前夜，诺基亚总裁约玛·奥利拉说了一句知名的话："我们并没有做错什么，但不知为什么，我们输了。"可以毫不夸张地说，这句话极具警示意义。

在诺基亚被微软收购三年之后，也就是 2016 年，我受邀到欧洲工商管理学院（INSEAD）做演讲，刚好诺基亚的总裁也在演讲现场分享自己对于诺基亚这家大型企业运营的看法。当这位总裁再次重复这句话的时候，我能够感到一种震撼，在高科技时代，大企业的溃败速度是如此之快，就是一种大坝溃堤的那种感觉。

在 3G 时代，另一位主要的赢家是谷歌公司。从 2010 年开始，凭借安卓（Android）系统的免费策略，谷歌在移动互联网领域建立了最大的生态体系，占据了智能手机 80%的市场。

4G 网络时代，中国手机厂商异军突起，华为、小米等众多使用安卓操作系统的手机品牌，占据了非常大的市场份额。谷歌作为 4G 时代的隐形霸主，其实力强大而且具备一定的抗毁能力，谷歌独特的管理模式也得到了业界的承认，其未来战略是占据所有对人类未来有重大影响的技术领域。

面对 4G 到 5G 转化的时代，中国企业也在深耕布局，其典型代表就是华为、中兴和中国电信科学技术研究院形成的 5G 专利知识产权占了全球 35%的市场，在知识产权领域的领跑说明了中国在通信技术领域的追赶已经到了一个新的阶段。

相对于 4G，5G 主要有高速率、大容量、低延时三大特点，如表 1-2 所示。

表 1-2　4G 与 5G 的特点比较及差距

事　项	用户体验速率	时　延	每平方千米设备连接数（个）	移　动　性
4G	100Mbps	30～50ms	10 000	350km/h
5G	10Gbps	1ms	6000 000	500km/h
差距	100 倍	30～50 倍	100 倍	15 倍

5G 基于 4G，但不是多了一个 G 那么简单，在一个大体够用的网络带宽上快上几十倍乃至一百倍，这是一场革命，不是技术的迭代那么简单的事情了。首先，5G 具有一定的规范要求，具体如表 1-3 所示。

表 1-3　推动 5G 技术发展的 8 个规范要求

序　号	规 范 要 求
1	与 4GLTE 相比，5G 每单位面积内连接的设备可高达 4G 的 100 倍
2	每单位面积 1000 倍带宽
3	数据速率高达 10Gbps，比 4G 和 4.5G 网络快 10～100 倍
4	延迟速度为 1ms
5	可用性为 99.999%。（1-99.999%）×365×24×60=5.26 分钟。一年离线时间为 5.26 分钟
6	覆盖率为 100%
7	网络能源使用可减少 90%（和 4G 相比的数据传输效率对比数据）
8	低功耗物联网设备的电池寿命可达 10 年

其次，5G 为应用场景提供了更大可能。5G 网络的大带宽、低时延和广连接，使之成为物联网和智能社会真正依赖的数据连接系统，预示着万物互联时代的真正到来。具体来说，5G 技术可以满足如表 1-4 所示的三大应用场景。

表 1-4　5G 技术的三大应用场景

序　号	应 用 场 景
1	增强移动宽带（enhanced Mobile Broad Band，eMBB），是指在现有移动宽带业务场景的基础上，对于用户体验等性能的进一步提升
2	海量机器通信（massive Machine Type of Communication，mMTC）主要面向智慧城市、环境监测、智能农业、森林防火等以传感和数据采集为目标的应用场景
3	超高可靠低时延通信（ultra Reliable&Low Latency Communication，uRLLC）主要面向车联网、工业控制等物联网及垂直行业的特殊应用需求

但是，5G 技术系统依然没有走出香农公式，即通过更好的算法，实现更好的编码能力，从而更好地适合毫米级高频波形发射的天线阵列，更好地使用波束技术进行调制，而这所有的努力都在进一步“榨干”电磁波的潜力。5G 也可以被称为“扩展到毫米波的增强型 4G”或者“扩展到毫米波的增强型 LTE”，而其高速、低时延的特点则恰恰是智能网络的技术基础，由此可以建立一个没有缓冲的新世界。

华为在 5G 技术领域已经走到了领先的位置，接下来该怎么走，任正非说他自己已经看到了前面的高墙。任正非说：“随着逐步逼近香农定理、摩尔定律的极限，而对大流量、低时延的理论还未创造出来，华为已感到前途茫茫、找不到方向。华为已前进在迷航中。”这些话充分展现了作为一个企业家的思考境界，值得我们深思。

人类通信技术的进步，到今天已经到了一个理论的瓶颈期，在信息技术领域，无论是硬件技术领域还是软件基础理论领域，都已经开始停滞了。但是，人类的进步不可能就此停下来，未来突破需要天才物理学家和数学家们在基础理论上冲破穹顶，带来新世界的曙光。任正非说：“华为的未来还将继续专注于电子流事业。”这个在 19 世纪末被发现的基础粒子，对于整个 20 世纪和 21 世纪产生了极其深远的影响。任正非和他的企业华为将引领人类突破理论框架作为自己的使命。著名经济学家张五常将任正非评价为我们这个时代最伟大的企业家之一，他认为任正非不仅能够管理经营好企业，还为中国的发展贡献了自己的商业思想，用高超的战略实践，影响一代中国企业家的价值观。

人类没有走出香农划定的边界，只是无限地逼近这个边界。麻省理工学院电气工程专业博士、被誉为“5G Polar 码之父”的埃尔达尔·阿里坎（Erdal Arikan）[18]发明了一种基础算法，也是目前世界上最为接近“香农极限”的编码方法。任正非在为埃尔达尔·阿里坎颁奖时，感谢他为华为继续前行提供了理论支持。任正非明确地说，未来华为每年会投入 30 亿至 40 亿美元用于基础研究，未来需要物理学家、数学家和化学家的努力，未来需要杰出人才的引领。

在写作本书的时候，华为正处于美国“长臂管辖”的威胁之下。在人类史上，动用一个国家的所有政治、经济和技术资源去和一个公司进行对抗，这是从来没有过的事情，这既是一个企业的悲情，也是一个企业的荣耀。华为为物联网时代研发的鸿蒙操作系统已经发布，未来之路不知道如何去走，但物联网时代是一定会来的。

4. 我们处在一个大融合时代

5G 时代的到来，人类和万事万物都被联系在了一起，形成一个全新的智能社会，个体的生活方式将发生颠覆性的改变。不久的未来，万物之间以光速通信联系在一起，人类将生活在一个可以忽略时间延迟的新世界。

万物互联让我们处于一个大融合的时代，而这需要更大的人才供给系统。信息技术领域成为人们最为关注的技术领域，信息技术革命只是人类知识领域内的一个分叉。人类的知识领域可能有成百上千的专业方向，科学也只是人类知识库中的一个主要领域，如果基础物理学中还能找到一个和电子应用一样的基础粒子，也能够推动另外一场产业革命。现在全球主要国家都在研究中微子，并且都投入了巨大的研发费用，但是现在还看不出来这种研究在未来能够给我们的产业直接带来多少收益。产业革命本身伴随的市场扩张就是一种推动全球大融合的力量。

如果从大融合的思维去看，虽然在过去几十年内，信息技术领域的成就惊人，但是信息技术领域本身在深度上也碰到了越来越多的问题。5G 之后的未来通信技术，依赖于更加基础的物理学和数学算法的突破，需要整合全球的创新力量。如果任由霸权政客们阻止 5G 领域的全球合作，最终会伤害所有人的利益。霸权国及其永久知识垄断的企图必将成为阻碍人类进步的阻力。事实上，没有一个国家可以垄断所有的知识创造。

人类被互联网连在了一起，人类生活越来越形成一个整体已经是一个大的趋势，这种趋势不是任何国家能够阻挡的。这种大融合已经进行了数千年，在人类的蛮荒时代，人类融合的过程不是莺歌燕舞，而是充满了压迫、奴役和杀戮。人类需要找到一种和平的方式来促进不同文明的融合进程，“人类命运共同体”的理念，正是中国人“天下大同”文化在全球化时代的表述方式。

美国的历史就是一部全球战略资源大融合的历史。美国霸权的形成，本质上就是人才领域的胜利，它是人才资源和知识资源的集大成者。在亚欧大陆上，政治力量分崩离析，国家和国家之间充满猜忌，这对于远离亚欧大陆的美国来说，其实就是历史性的机会。运用国家间力量的对称性制衡战略，美国可以使用较小的力量杠杆就能够实现对于庞大欧亚力量的制衡。

美国国土远离亚欧大陆，是一个完整的大陆型的经济体。近现代以来，亚欧大陆发生了两次世界大战，这些大中小国均无力提供稳定的市场和发展事业的环境。对于欧洲一流科学家和人才而言，战乱和政治漩涡让他们的人生不得安宁，生命和财产安全受到威胁，“美国梦（American Dream）”[19]就是他们的“桃花源”。美国梦是美国的文化软实力，这是一个基于精英个体生命价值的人生规划系统，精英个体可以在这片和平的大陆上自我奋斗，实现自己的人生理想。美国梦的承诺，就是能够让人发挥自己的才智，在这里能够安稳地享受自己的人生。

我和欧洲的一些学者讨论过：美国梦并不适合任何人，美国内部一直存在不同文化的融合问题，种族歧视就是一种严重问题。但是在 20 世纪上半叶，美国梦对于全球顶级人才特别是欧洲的人才，有一种很强的吸引力。

对于人才的尊重，这曾经是美国的优势，也表明美国是一个“科学主义”的国家，这个国家值得学习的地方，是对于知识真正来自于骨子里的尊重。人类几次科学中心的转移均在西方国家的内部转换，近代欧洲的内部纷争，在长达半个世纪的时间内，对于欧洲杰出人才群体进行的大规模“收割”，最终成就了远在大西洋彼岸的美国，在第二次世界大战之后，让美国一跃成为全球科学中心。

历史永远是戏剧性的，那些看似不可撼动的霸权国家最终都将消失在斜阳之中。几百年来，世界科学中心的转换周期大约为 80 年左右。如果历史确实有规律的话，那世界正在处于一个科学中心[20]的迁移期。

哈佛大学教授、美国著名政治人物罗伯特·帕特南写了一本书《我们的孩子》，这本书主要讨论的是美国的教育问题。平凡家庭的美国孩子已经难以享受到好的教育系统，财富不平等已经使“机会平等，白手起家、奋斗逆袭”的美国故事成为空谈。罗伯特·帕特南在书中说：“每个靠个人奋斗成功的人，都要感谢这个社会给予的平等机会，而如果今天我们的孩子的平等机会被剥夺了，那么这些已经成功的既得利益者也都难辞其咎。”

专栏作家魏欣认为，美国在工程领域的人才自给模式已经出现了一些不好的迹象。这位曾供职于美国大型基金公司的全球商业观察者说：“数据已经表明，在美国所有授予的大学学位中，只有 4%授予给了工程专业的学生。相比之下，中国的情况则是 31%。2018 年美国的国际学生当中，有 62%都选择了学习科技行业。毫无疑问，他们中间 70%以上都是从中国和印度来的学生。”

罗伯特·帕特南和魏欣对于美国人才知识领域的观察，和我的观点基本一致。我们正处于一个知识大扩散的时代，这是更大的历史背景。深度理解信息技术的发展背景和网络技术架构的人都知道，互联网的架构是天然“去中心化”的多节点网络结构，通信技术和互联网其实是带有解构知识霸权的基因来到人间的（业界称之为“开源精神”），通信技术的发展不仅推动了经济发展，让大部分人从赤贫状态进入到相对富裕的社会，大大促进了世界贸易的发展，更重要的是促进了全球知识供应链的分散化。

近代科学技术在西方发扬光大，这是过去几百年的技术发展历史，在本书中不做赘述。但是霸权国不能将知识创造作为自己的专有能力，“科学天然是属于欧美的”，这是一种错误的认知。事实上，从最近 20 年的统计数据表明，知识扩散造成的结果，正在推动多个知识中心的崛起，全球很可能会出现几十个和上百个技术创新中心，而美国可能占据其中一小部分。

在大融合的趋势之下，所有的知识中心之间都需要展开合作，而不是彼此隔绝。未来也不存在知识霸权国，而是多知识中心的体系，印度、中国和其他国家的人照样具备创造力。亚欧大陆上的主要国家中国、印度和欧洲一些大国，只要保持和平稳定，就能够培养出比美国多得多的工程师。根据世界经济论坛（World Economic Forum）的统计，中国 2016 年就有 470 万科技专业毕业生,印度 2017 年有 260 万这方面的毕业生,而美国 2017 年只有 56.8 万这类毕业生。

工程师红利[21]和知识创造红利不仅仅属于美国，也必将属于中国和印度这样的大国。它们各自都在创造自己的优势知识门类，带动各自的知识创新领域进一步拓展。之前，国际贸易基于工业产品的比较优势进行贸易，未来，国际贸易将根据各自在全球知识链上的比较优势进行贸易。单一技术中心国家将成为历史。欧美也必将遇到“五百年未有之大变局”，是坦然接受趋势，还是对抗趋势，霸权国目前正走在十字路口。

被称为“美国国师”的极右派人士斯蒂夫·班农（Steve Bannon）[22]于2019 年上半年在《南华早报》上撰文说：“将华为赶出西方国家市场要比达成贸易协定重要十倍。”世界第二大软件服务企业甲骨文公司（Oracle）创始人拉里·埃里森对媒体说：“如果就这么让中国经济超越我们，让中国培养出比我们更多的工程师，让中国科技公司击败我们的科技公司，那我们就离军事科技也落后的那天不远了。”

关于 5G 的技术竞争，其背后是世界科学中心向全球性多中心过渡的过程，中国不是这种过渡过程的唯一受益者，而只是其中之一。5G 领域，目前中国华为、中兴等企业是具备比较优势的，而美国在和平时期切断全球技术供应链的行为，其实已经非常恶劣了。应该说，这已经是大国之间经济战争的最高等级了。

事实上，一个国家不可能完成元素周期表中所有的物资供应。中美彼此都有割裂全球产业链的能力，切断对方关键物资的供应，美国可以重建供应链，但这需要很多年的时间。对于产业链的观察表明：越是高技术体系越需要全球供应链，有些物资是难以替代的，一旦摧毁了供应链，对于整个工业技术体系就是一种击杀。美国的军事工业是全球最强大的，但是在进行供应链盘点之后，美国著名军事刊物《防务新闻》撰文说：“今天的美国国防工业基础依赖于全球一体化的供应链。”

金属钨广泛用于高等级钢材和合金领域，在军事工业领域是不可或缺的，中国是钨的生产大国，其供应量为全球的 80%，缺少这个金属，可能造成全球机械工作母机的停摆。美国对于富有稀土元素的中国的依赖更是大众皆知的事情。这些战略物资的供应链一旦被切断，美国整个工业体系的痛苦一点儿也不会比中国少。

正是因为全球供应链已经连成了一体，所以基于无知和鲁莽割裂供应链的行为，也必将促使供应链绕开霸权国。稳定市场和可预期的公平经营环境是一项公共产品，实际上，谁能够建立更大更稳定的市场，谁就将赢得未来。

当大企业开始人人自危的时候，建立了稳定市场的这些企业就会将霸权国的技术系统作为一种次优选择。微软、谷歌都表达了自己的担心，腾讯创始人马化腾说："在创新能力方面，今天的中国已经走到发展前沿，'拿来主义'的空间越来越少。最近中兴、华为事件愈演愈烈，我们也时刻关注贸易战是否会演变成科技战。因此，如果我们不继续在基础研究和关键技术上下苦功，我们的数字经济就是在沙堆上起高楼，难以为继，更谈不上新旧动能转化或者助力高质量发展。"

从我的观察来看，在战略层面，切断全球技术供应链是美国一种巨大的战略错误，这将加快美国在全球技术供应链领域的衰退趋势，也将促成更多的美国之外的技术中心之间展开合作。亚欧大陆上的主要经济体没有随着美国的鲁莽行为起舞，其实也在表达这种担心。

5G 是一种更加彻底的融合力量，比如，跑在公路上的自动驾驶汽车需要提供可靠的云服务，医疗机器人在动手术的时候也需要可靠的云服务。云服务，是人类知识和智慧的集成智能，在物联网时代，一个产品就联系着整个人类所创造的知识体系。除非 5G 不会进入市场，一旦进入市场就需要遵循这样的一个逻辑。

任正非说："通信世界正在逐步云化，现在是一小朵一小朵的云在世界各地开放，未来世界会联成一朵非常大的云。对于我们来说，能不能给世界提供服务是至关重要的。所以，我们把大量投资都转到对未来科学的研究上去，正在探索新的科学发现、新的技术发明，也在准备能创造一些能适合未来需求的产品。"

任正非所说的"世界云化"，其实正是全世界知识领域的大融合趋势。

在每一个知识门类的纵深领域，都会有自己的知识服务云，这是线上发展的必然趋势；在线下，有很多的工程师在研究横向创新和基础创新，然后将知识投送到云中，去服务全世界的产品用户。

美国拥有全世界最强的武器装备，由于绝对军事武力的存在，美国在使用军事力量的时候极不慎重。这是耗费美国元气的另外一个泄气口，本来没有必要使用武力的地方，美国却使用了武力，这是逆世界潮流的行为。产品、知识和信息的多元化传递带来了地缘宿敌之间的和解需求，使得发动战争的成本变得越来越高，地缘政治的思维开始弱化，地区的横向合作成为必然的需求，即使在敌人之间，也需要彼此的合作。在5G时代，一旦亚欧大陆实现了5G覆盖，则美国离间地缘板块的能力将大大削弱。亚欧大陆不再需要一个随时准备实施武力或武力支援的“离岸平衡手”。

依据最大的消费市场来组织资源，是未来全球大企业必须要完成的事情。全球范围的基础科技研究，实际上提供的是一种公共产品。换句话说，全球工业制造国工程师群体需要结成一个完整的产业链和生态链才具备价值。每一个经济体都包含着创新结构，将各个创新结构结合成为一个整体才是未来企业家的经营哲学。

5. 5G+AI：推动西方再工业化

在西方国家之中，德国是一个很好的案例，这个以制造业和工程师立国的国家，一直保持着很强的技工文化传统，成为动脑又动手的具有极强竞争能力的国家。

2013 年 4 月，德国首提“工业 4.0”战略，将云计算、人工智能、大数据和先进通信技术融合在一起，形成产业互联网。这个概念的提出，得到了中国人的积极响应。德国对于 5G 时代的到来做了工业 4.0 方面的观念准备，当然这个观念不是什么秘密，中国人觉得好，就会做出决策，也会有更高的效率行动。但还是要感谢先行者德国的观念贡献，观念贡献也是非常重要的知识创造。

中国人其实已经真正理解了“工业 4.0”的概念，并且立即行动起来了。中国的企业家特别善于学习，国内企业家组团要去德国学习工业 4.0。2016 年，我和德国的研究机构联系，希望能够找几个工业 4.0 的榜样供中国企业家学习。此后，我每年都带领长江商学院的企业家到德国去做先进智能制造业的考察，先后深入考察了西门子、博世、宝马和全球知名的 3D 打印企业 EOS 等。我和国内一些制造业的企业家在考察之后感到震惊，在这些企业之中，我们几乎没有看到企业运营工业 4.0 的场景。关于智能制造的物联网应用，也没有看到全面整合的案例。

博世投资有限公司是全球精密工具和汽车电子领域领先的制造业企业，我们在其内部看到的场景也都是国内常见的传统的生产工艺，人工驾驶的叉车是厂区内往来最频繁的运送物资的工具，工厂也已经比较陈旧了。我问了一下，博世是否还有新的先进生产线没有向我们展示？我们得到的回答是“没有”。工业 4.0 在德国几乎没有什么真正的应用场景，和我们一样，他们也处于概念向实践导入的阶段。

经过多方的交流，后来也才明白，为何在德国企业内很少有全方位的先进智能制造的案例。因为工业 4.0 需要 5G 作为载体，没有 5G 技术，这些散落的生产节点就无法连在一起。简单来说，没有 5G，工业 4.0 就是一种空谈。

当然，德国人在经过几年的实践之后，发现了工业 4.0 的发展规律，但政府提倡归提倡，还是需要一流的企业家领导才能够解决实际问题。一个德国创业者跟我说：“现在德国和欧洲需要一个类似于华为这样的企业，能够为整个国家的产业互联网提供知识整合型服务。”这一句话其实就是德国提出工业 4.0 战略 6 年以来的全部经验总结。龙头型的大企业才具备能力将庞大的技术转化为智能社会的产业生态，其中企业家的决心和企业能力是重要的因素。

从这个视角来看，美国打击华为公司，在构想上就是用摧毁主要技术整合龙头型企业的手段，来达到推迟中国走向智能社会的目的。在行动中，就是采用“捆住别人的手和脚，然后自己手脚并用”式的竞争模式。

在发展工业 4.0 的过程中，德国经济部长阿特迈尔搬出了他的思想弹药：

“德国经济奇迹之父”路德维希·艾哈德（Ludwig Wilhelm Erhard）[23]的“社会市场经济理论”认为，政府赋能于企业家，给他们创造的自由，让企业家来做一个社会企业家的新角色，以达到重构新的先进经济结构的能力。在阿特迈尔看来，企业家不是政府官员的执行机器，企业家需要成为经济新结构的创造者。

对于经济结构，中国人理解是很深刻的。1840 年的“鸦片战争”，中国经济规模数倍于英国，但被英国打得落花流水，当时农业经济结构的中国对阵工业经济结构的英国，是一种被完全碾压式的态势，说明先进的小结构经济体也可以打败旧结构的规模经济体。今天，中国的经济结构转型和供给侧改革，也正是要通过改革获得新的经济结构，保持国家竞争能力。

2019 年 2 月 5 日，德国正式发布《国家工业战略 2030》，一个重要的主题就是要打造信息产业和智能大数据领域的龙头型公司，保证国家竞争能力。该战略建议，德国应该建立一个产业基金，对于重要企业进行投资；同时，也不必再听从美国人以自身利益为根本出发点的建议，必要时，德国政府可在具有战略重要性的企业中持股。

德国的这套新的打法，中国商业观察家应该很熟悉。数字时代的伟大公司，还是需要政府的大力支持，这种支持是通过产业政策来实现的。尽管对于产业政策有各种各样的非议，但正如阿特迈尔所说：“如果错过（5G 时代）这些发展机遇，就将成为其他国家延伸的工作台。德国必须从被动的观察者变成设计师，并扮演角色。德国必须加强发展人工智能。”

由于美国对于华为的打压，德国和欧洲也在警醒，它们希望实现更多的技术自立，建立德国自己的云智能服务系统。德国鼓励打造德国或欧洲龙头企业，加大力度保护本国重要产业免受外国收购和竞争的影响。

每一个西方国家再工业化的路径和内涵可能不同。德国人在工业 3.0 领域具备很强的竞争能力，其在工业装备领域的制造优势一直保持着全球核心的地位。在全球的德国故事中，最广为人知的说法就是“德国人都是工程师”。具备多场景操作能力的柔性和刚性机器人成为德国装备业的基础。机器人和机器人能够完成复杂的工作协作。德国战略规划者希望人工智能和装备制造业结合起来，让德国在下一个时代还能够在全球制造业产业链上获得一种优势地位。在工业领域，德国没有出现产业空心化的困扰，其主要的困扰在于如何进行横向的智能整合，将人和物变成一个自我发展的生态网络。因此，德国需要一个工业 5G 网络。

日本也有自己的工业互联网计划，其智能制造战略分为三个部分：一是建立物联网，让万物连在一起；二是用机器人推动生产自动化和服务自动化；三是构成一个机器跟机器产生横向联系的工业价值链。

原则上，按照美国往届政府和战略层的态度，美国不存在产业政策。但实际上，美国国内政策层面是不稳定的内部竞争结构。奥巴马时代，提出建立从智能制造到终端用户的体系性服务能力，专注为用户创造价值，用民间智库引导企业发展方向。特朗普政府则没有固定的价值观坚守，所以不断搅动世界整体供应链，想让在过去几十年来分散出去的传统工厂回到美国。在特朗普看来，德国要搞《国家工业战略 2030》计划，表明德国政府决定和大企业一起做智能制造，这是欧洲在工业领域的赶超计划。在德国正式发布《国家工业战略 2030》两天之后的 2019 年 2 月 7 日，特朗普亲自发出“为推动美国繁荣和保护国家安全，美国必须主宰全球未来工业”的声音。在白宫官网上，这份规划的标题非常直率，叫作《美国将主宰未来工业》，该规划将“人工智能、先进的制造业技术、量子信息科学和 5G 技术”规划为四大战略技术系统。实际上美国在这四大技术领域本来就是领先的，特朗普真正关心的，就是将后起国家的传统产业集体赶到美国，就如华尔街游说全球资本市场一样的模式。

西方主要工业国，其实对先进制造业领域没有过分担心，而是想利用5G+AI技术系统，建立众多的无人（有人）工厂，通过提高运营效率，大量生产中端制造业产品，从而维系福利社会继续运作，也使大量失业人口（比如靠社区零星服务工作维持生计的人口）可以获得物资福利和无忧生活。利用先进技术维护经济体的可持续性的竞争力，防止因贫富差距太大导致社会分裂，对于西方经济体而言，这是一种硬需求。

所有扬言“传统产业空心化”的西方国家，真正的潜台词都是不仅要把握高端制造业，同时对于传统制造业也一样要把控。利用先进技术摧毁劳动密集型的产业集群，从而继续维系已故著名经济学家萨米尔·阿明表达的“中心国家”和“依附性国家”的发展理念。将一些竞争者变成“产品市场和资源国”，而西方主要经济体可以继续保持“金融国和先进工业国”的地位。

我们在这里可以重点讨论一下美国的“传统工业再工业化”进程。我举几个案例来分析一下未来可能发生的进程——

福耀玻璃创始人曹德旺在美国设立汽车玻璃工厂，这是典型的高能耗传统制造业。曹德旺解释说，自己之所以在美国设厂，是因为美国是最大的汽车市场之一，就近用户市场投资是一种正常的思考。

《美国工厂》是一部由美国前总统奥巴马投资拍摄的一部反映中国和美国制造业差异的纪录片。奥巴马总统是全球自由贸易的支持者，这部纪录片讲述了曹德旺同时在管理中美两个工厂的过程中的差异。这部纪录片的播出，其实说明了美国制造业衰退和中国工厂繁荣背后的主要因素。我在看完这部纪录片后，理解了奥巴马总统的一些想要说出来的诉求：美国的传统制造业已经回不来了。事实上，美国在其制造业鼎盛时期的一些产业因素已经丧失了，但是美国还需要发挥自己的领导力，维护全球价值链的完整性。中国人是这个完整价值链的受益者，但绝不是最大的受益者。目前，维护好第二次世界大战后美国推行的全球价值链秩序，美国还是最大的受益者。

曹德旺对经过几年实践后的美国工厂做了一些经验总结，他说："我就在美国开厂，美国制造业是什么情况我最清楚。在美国本土，什么都没有了，投资工厂的老板没有了，工人没有了，管理干部没有了。美国需要把所有政策、法律法规、思想动员到 20 世纪 70 年代的水平。如果不把相关政策动员回去，我相信也做不起来。不是说今天去工业化，明天就可以生产东西了。"

曹德旺的理解是透彻的，他认为美国已经是一个"以服务业解决大部分就业的经济体"。年轻人并不喜欢穿着厚厚的防热服待在火炉子旁边造玻璃，年轻人喜欢有空调有电脑的办公室空间。在工厂效率方面，曹德旺得出一个结论：中国产业工人的劳动生产率至少比美国高出一倍。

和曹德旺对于美国传统制造业的前景看法完全不同，波士顿动力公司创始人马克·雷波特（Marc Raibert）[24]说："机器人技术会比互联网更加强大。互联网让每个人都能接触到世界上所有的信息。而机器人技术让你能够接触和操纵世界上所有的东西，所以它不仅仅局限于信息，而是包含万物互联的新世界。"

马克·雷波特是麻省理工学院博士，在卡耐基·梅隆大学创立了 CMUleg 实验室。1992 年，在硅谷所有人都冲向互联网的时候，他转身创立了波士顿动力公司。他是 70 岁的创业者，和已经 73 岁的曹德旺属于同一代人。作为一个冷静的企业家，我觉得中国商业观察家应该关注这个人，在纷繁的互联网时代，这些沉静的技术信仰者可能代表着美国制造业的未来。

马克·雷波特的理念和 5G 之间是比较亲近的，人类之前的通信技术的演变都是信息技术领域的进步，而马克·雷波特是致力于将机器人引入互联网各种应用场景的人。当然，马克·雷波特的技术是一把双刃剑，人工智能最大的危险，就是将这种强有力的技术拿来作为军事武器或者恐怖工具针对平民。波士顿动力公司和美军关系密切，美军也时常将波士顿动力公司的灵巧机器人拿出来一两款在媒体上展示。

马克·雷波特的商业化野心就是公司通过机器人制造机器人，直接制造出机器人产业工人群体，带领美国传统制造业卷土重来。我们似乎能够看到一个场景：巨量的波士顿动力机器人日夜不休，在美国本土工厂里制造任何它们想要制造的产品，这是美国 5G+AI 的未来。

波士顿动力机器人的故事只是一个愿景，代表着未来可能实现，也可能不会实现。比如欧洲和中国的某家机器人工厂做出了更具竞争力的机器人。

第三个故事和曹德旺的想法一致，和马克·雷波特的愿景相反。美国特斯拉巨型工厂，有尽量少用人力的先进机器人自动生产线。马斯克考察生产线时走走停停，好几次都大声呵斥那些难以保证自动线顺利运作的管理者，有一次当场解雇了一名负责装备线某一个环节运转的工程师。让马斯克头痛的问题一直是产能不足，无法按照用户的要求快速交付产品。

华尔街对特斯拉越来越缺少耐心，给予这位企业家巨大压力。为此，马斯克夜以继日地研究自动线的产能问题，但几年下来了，问题一直卡在那里。全自动智能制造到目前为止，还是一个愿景，善于创造人类奇迹的人，也需要向现实低头。

美国和全世界的西方制造业强国现在还都有一个现实问题：人，并没有从重复劳动中被解放出来。

在 2018 年年末，特斯拉巨型工厂顶着中美贸易战的炮火落户上海，马斯克说要在上海投资 500 亿人民币，实现特斯拉在中国的本土化生产。上海有成熟的产业工人群体和工程师群体，现阶段，人与自动机器进行完美配合，是当下制造业的现实解决方案。

5G 网络还没有来，物联网也没有来，人工智能还在半途，真正的智能制造还在蓝图之上。美国的再工业化现实阻力巨大，但是在未来，这些却都是可期的。等到这些技术到来的时候，美国的再工业化进程一定回来，中国和其他的经济体需要为这一天的到来做好准备。

5G 和人工智能的结合，是改变世界的主要方式，这两件极其强大的工具，不仅赋能美国，也会赋能西方经济体。

长江商学院许成钢先生说："自从人类造出机器，机器就开始取代人的工作，同时又产生了新的工作需要人做。"不需要人工干预就能够实现机器制造机器的时代，现在还在科幻小说之中，人是机器的创造者，未来最佳的发展路径是人和机器一起去创造新机器。问题会在西方再工业化进程中不断产生，但最终还是需要人来解决问题。

6. 规模、工程整合度和技术整合度的竞争

5G 时代的到来，我们发现市场竞争模式已经发生了根本性的变革。参与技术竞争的门槛变得越来越高，一些小经济体，想要维护住自己一两项世界级竞争力的科技产业，变得越来越困难。

5G 系统是一个巨大的技术集成性系统，这样的技术系统要维系知识正常迭代，需要几百万通信技术工程师的通力协作。而几百万的产业工程师需要更大的受过教育的人口规模，这是一个对于大国天然有利的技术时代。对于小经济体来说，这很残酷。

在欧美和国内飞来飞去，回到国内，经常有人问我："我们移民到哪个国家好呢？"我回答说："可以到全球优秀的国家去学习，但是最好还是将事业安放在中国，中国是全球产业链最为健全的国家，如果你够优秀的话，你学什么专业都能够找到一份好工作，从事什么样的技术类别，都能够和跨界技术系统形成新的应用市场。"

知名财经作家邱道勇在其著作《众筹大趋势》中，提到了"平台国家"

的概念，他认为在下一个时代可能产生四个平台型国家：美国、中国、统一的欧盟和印度。这些大经济体基本具备了一个“大洲规模的国家”。这本书出版的时间，正值中日关系的低潮期，在行文中，作者提供了一个预测，拥有儒家文明体系的日本，在下一个十年将加入到中国的产业链分工体系之中，形成一个主产业链合作型关系。同样，在美国、欧洲和印度周围，也将形成一批产业链协作型的国家。规模的力量在这里就显现出来了。

巨大的市场拥有巨大的权力，在产业发展趋势上，权力正在向最大的消费者市场集中，而市场是技术和工程的应用所在。近些年来，中国的综合国力在不断提升，与西方发达国家的差距逐渐缩小，面对这种力量对比的变化，以美国为首的西方发达国家产生了危机感，频频采用新的方式遏制中国的发展。现在，中西方国力的竞争更多地表现在规模、工程整合度和技术整合度上的竞争。

在整个经济体系中，5G 通信的价值只是一个社会经济发展的触媒，是一种催化剂，自身的产业价值是有限的，但是，通过一种类似于化学催化的作用，其对于整个世界的产业经济将起到一个加速反应的效果。

5G 和中国产业经济的结合，对于中国来说是一场机遇，原因在于中国的工业制造规模已经达到了美国的 2.5 倍，这是实实在在的实业经济。这些实业经济具备复杂的结构性生态关系，牵一发而动全身，生产一种螺丝钉的小企业不是什么高技术企业，但也是整个工业体系多样性中的一个物种。在一个完善的生态中，一个物种被消灭了，整个生态都需要被迫做出结构性的改变。

一个国家和一个企业，做到单项技术领先并不是太值得骄傲的事情。即使中国具备这么大的规模，拥有 14 亿人口，但是在 14 亿人口之外，还有几十亿人口，他们的知识积累和创造力是无论如何都不能忽视的。但谁是具备全球最佳技术整合度的经济体呢？从目前的数据来看，美国是具备全球最佳知识和技术整合度的国家；而中国的规模最大，但是在工程整合度方面，已经达到了可以和美国媲美的水平。

一些高度集成的技术产品，比如航母、先进隐身战斗机、先进工程舰船等，在第二次世界大战时期，有几十个国家可以生产先进战斗机，当到了 20 世纪 70 年代，能够生产第三代战斗机的国家仅剩下五六个，到了第四代战斗机的时候，全世界仅剩下中、美、俄三国可以生产。顶级玩家越来越少，因为这些技术集成的难度大大增加，超越了这些国家产业链的知识能力了。

巨大的规模能够分化出面向具体产业方向的核心竞争能力；巨大规模的企业集群能够制造突破性的产品，比如在中国南海进行吹填造岛的工程船。技术整合度的本质在于为全球技术人才提供足够的工作空间，正是这几个构建新产业链的要素，构成了全球几个大经济体的竞争能力。5G 技术是足够复杂的技术系统，所以在全球，也只有中国和欧洲的少数几家企业能够从事这项专业领域了。

在几个大经济体当中，美国、中国和欧盟已经是实力型的经济体，而印度是拥有巨大发展潜力的经济体。当人们讥笑印度的时候，我们可以回首看看在 20 世纪 80 年代之初，西方是怎么看待中国的，就知道答案了。我们永远不能够被局限性的眼光左右了。

中国有句古语说：士别三日当刮目相看。这句话的意思已经够明晰了。历史上，中国的工业技术水平与欧美发达国家差距甚大，但经过多年的追赶后，如今这种差距已经越来越小，在某些领域我们甚至还超越了对手。这种超越只是全球技术攻防战中取得了竞争资格，如果没有技术整合度，单项技术还只能工作在别人的工作台上，别人就依然有“掀桌子”的本钱。

例如，潜艇上的静音型螺旋桨装备，中国有垄断全球的工业无水氟化氢提取技术。再如，中国的铝工业技术也居于世界领先水平。又如，在纳米技术等一些高精尖领域，中国的研制水平也追上了发达国家。早在 2017 年，中国科学院院长、国家纳米科技指导协调委员会首席科学家白春礼就曾提及：中国纳米科技研究的整体实力已走在世界前列，未来还面临新的重大发展机遇。中国国家纳米科学中心等发布的《中国纳米科技发展白皮书》中也提及，中国已经从“纳米科技大国”成长为“纳米科研强国”。

我一直关注纳米材料技术领域的发展，因为这项技术也是 5G 未来在线下的重要支撑性战略技术。2016 年，我到葡萄牙去考察，在北部城市波尔图附近有一个叫布拉加（Braga）的小城市，这里有一个全球先进的纳米材料的科技园区，其成果质量具备全球竞争力，部分技术具备全球领先水平。我和科技园区的管理者、青年企业家交流的时候，他们对我很惊讶，说我是第一个到这个产业园区的中国人。我说我很荣幸成为到这里的第一个中国人，这说明中国和欧洲的技术合作连接的潜力非常大。欧洲有很多极具创意和探索精神的企业家，有好的科技成果，我想我要把这些技术资源带回中国来，整合进中国的产业链当中。

这些看似与 5G 不相关的技术，却正是 5G 时代智能制造所整合的对象。深圳湾科创创始人邱道勇研究深圳 40 年来的发展历史，走访了很多企业，比如华为、大疆、中兴等企业，形成了有一个有趣的观点，他说：“城市创新是不能够弯道超车的，从深圳的创新历史来看，都是一个产业叠加一个产业，低端产业架起中端产业，中端产业又架起高端产业，这种进化和演化的结构是深圳逐步成为创新中心的秘密。5G 技术对于前面所有产业结构都有赋能作用。高、中、低端产业均能够借助 5G 技术进行结构改造，从而变成新的产业。从华为的技术拓展的路径来看，他们是一步一个脚印走过来的，你想要超越，就需要消化掉前人所有的知识体系。”

技术和巨大规模的应用市场合一才能产生并培育真正的自主能力。在通信行业，中国 5G 技术水平已经赶超了欧美国家。从通信领域的国际技术标准来看，在中国制定的 5G 国际技术标准中，有 21 项得到了国际电信联盟（International Telecommunication Union，简称“国际电联”“电联”或 ITU）的认可，而我们的竞争者美国只有 9 项标准得到认可，欧洲有 14 项，日本有 4 项，韩国有 2 项。从技术专利层面来看，中国通信企业有关 5G 技术的专利声明量数量是最多的，已经拥有领先的专利技术壁垒。中国历经“2G 跟随、3G 突破”，实现了“4G 同步”“5G 引领”的历史性跨越，5G 标准专利数量全球第一。据德国专利数据公司 IPlytics 发布的 5G 专利报告，到 2019 年 4 月，全球 5G 专利申请数量排行中，中国以 34%的占比率位居榜首。再看工程能力，在遍布全球的五百多万座 4G 基站中，大约四百万座都是中国建设的，中国还因此被业内称为“基站狂魔”。通信网络产业观察者、通信博士张弛说：“中国的 5G 技术确实全球领先，这不是自吹自擂，而是实事求是。”

在 5G 技术的研发竞争中，中国的华为超越了很多业内劲敌，成为全球唯一一家能够提供完整的 5G 解决方案的企业。早在 2018 年，华为公司就以 1970 件 5G 技术专利声明在全球排名第一。2018 年 11 月，英国电信首席架构师尼尔·米勒（Neil McRae）在伦敦举行的“全球移动宽带论坛”上说：“现在只有一家真正的 5G 供应商，那就是华为。”这样的结论，不仅说明了华为的技术能力，也说明了中国的技术能力已经散布在全世界众多的国家之中并真正有能力完成技术应用的进程，包括中国人引以为豪的工程能力。

5G 是触媒，能够将所有的工业企业都联系在一起，这是 5G 的战略价值。以前，我们总是在讲整合资源，现在 5G 就是整合资源的普适性工具，不抓住这个机遇的国家，显然是无力再引领工业领域的。

美国和欧洲并不缺少技术能力，即使到今天，其技术优势还是明显的。

我们翻阅技术类的新闻和资料发现，美国一流的技术成果还在不断涌现，但仅仅有大学教授和实验室的科学家显然是不够的，先进的成果需要走出实验室进行产业化。但是如果工程能力丧失了，这些走出实验室的知识成果也就没有了落脚的地方了。正因为如此，用发达国家视角来看中国，目前中国到处都充满了巨大的技术工程和基建工程。

对于 5G 技术，到底在“第四次工业革命”过程中是一个什么样的角色，业界也是有争议的。美国问题研究专家、中国人民大学国际关系学院副院长金灿荣在香港做讲座时说：“如果工业 4.0 的关键技术是 5G 的话，那中国已经领先两年了。”

国际企业也在通过“试错”的方式，在全球建立一些智能制造的样本工厂。比如国际知名咨询管理集团麦肯锡的一贯的工作作风，就是在做事之前，先做标杆。曾任麦肯锡全球执行董事和全球总裁、现任加拿大驻中国大使的鲍达民（Dominic Barton）[25]和我是朋友，鲍达民先生精通中西方之间的产业特点和差异，在我们的交流过程中，他非常注重全球价值链的完整性，保持全球化分工协作的必要性，反对割裂全球产业链的行为，认为反全球化的政策会带来经济衰退。麦肯锡作为全球咨询业的龙头型公司之一，他们认为，政治介入全球技术竞争对于 5G 领域的建设来说，会推迟整个系统的应用时间。原因主要在于欧美的电信公司在工程实施进度上普遍薄弱，很可能会有“起个大早，赶个晚集”的事情。麦肯锡预测，5G 在应用市场全面铺开可能需要 3 年到 5 年的时间，按照正常的时间推算，5G 技术的成熟应用，大概就需要到 2025 年了。

现在 5G 时代的工业到底是什么样子的？按照麦肯锡的“打法”，首先就需要建立一些全球标杆。在引入工业 4.0、打造智能制造方面，中国也表现出色。工业 4.0 概念出现后，部分制造企业的先驱者引入物联网、人工智能技术等对传统生产系统进行升级优化，打造了生产力更高的智能工厂，这些工厂被誉为“灯塔工厂”。如今全球共有 16 家“灯塔工厂”，其中坐落于中国的就有 5 家，分别是深圳的富士康科技集团、无锡的博世汽车系统有限公司、成都的西门子工业自动化产品有限公司、青岛的海尔集团和天津的丹佛斯有限公司。下面来看看后两家企业。

天津丹佛斯智能工厂的质检工位已经引入了人工智能机器视觉的检验系统，每一次部件质量检验都能保证零误差。事实上，类似于这样的工厂在中国有上百万家，在这样的一个制造系统实现智能化的过程中，可以产生基于 5G 技术的智能制造服务商。而这些服务型的知识企业，能够和华为这些 5G 技术企业一起，形成对于智能制造产业的总体赋能，从而推动中国制造产业的升级和效能提升。

张瑞敏作为全球知名电器品牌海尔的创始人，也在主动学习全球智能制造领域的管理经验，他希望自己能够探索出一套适合工业 4.0 时代的制造业、基于全局观的管理模式，因为这对于一个以制造业为基础的企业来说具有重要意义。基于 5G 技术的社会化协同工程，为了适应大规模的技术整合，张瑞敏迎合智能时代，对于企业管理结构做了改变。在外界看来，管理者已经将企业拆得“面目全非”，但张瑞敏坦言，智能社会和制造时代的管理，一定不会是过去和现在的样子。海尔的这种主动变革，就是要适应下一个时代智能社会的需求。张瑞敏说：“人的价值第一，企业唯一增值的是人，我们改造我们的系统，就是用智能机器解放人，然后让海尔人面向用户的创造力能够充分发挥出来。”

从实践来看，在工程整合度的较量上，中西方各有优势。其中中国的优势在于有最大的应用市场，技术会在应用市场不断迭代出来，技术和更好的技术，一定是在工程实施复盘之中产生的。

跟随型学习不是什么丢人的事情。美国是靠“挖”欧洲的顶尖人才和跟随型学习取得领先地位的。但是在工程整合领域，美国是领先欧洲的。中国现代化的追赶过程，更类似于美国而不是欧洲。向一切先进者学习是一种褒义的进取的姿态而不是贬义的退缩的姿态。

5G 和高铁是一对相互纠缠的技术体系,具体的影响我在其他行文中已经做了说明。中国并非动车技术的原创者，但是胜在应用场景的广大。中国以前曾经需要从日本、欧洲购买整车来研究。那时，日本的“新干线”技术车辆的时速只有约 200 千米，中国引进后经过一番研究、创新，开发出了时速高达 350 千米的高铁。当时日本这一领域的专家还提出抗议，认为中国这么做会给乘客的生命安全造成威胁。不过事实证明，我们的高铁并没有问题。日本专家很是稀罕，便亲自来中国考察，发现我们的高铁即便每小时“飙”到 300 千米也比日本的“新干线”动车跑得更平稳。后来，日本一家企业又花钱把中国改进后的高铁技术买回去研究。

中国工程院院士王梦恕[26]说：“现在流行这样一个说法——机械加工找德国，小电器找日本，上天的技术找美国，高铁的技术找中国。”王梦恕说这话的意思，其实就是各自技术整合度和工程整合度的“竞合”关系。也就是说，没有一个国家能够做好所有的事情，美国不行，中国也不行，各经济体都需要靠着自己的比较优势参与到竞合场景之中。

我们今天所处的世界,在重大的科技突破方面,全球就是一张完整的“拼图”，每一个国家都是这个拼图的一部分。“全球资源整合，全球价值对接”已经是一个非常重要的发展观念。影响人类前途的重大挑战，不是一个国家可以应对的,从基础原理发现到应用研究、到工程实施,再到市场价值推广，是一个全球协作的过程，也是一个全球协作的结果。人类只有整合最先进的力量，一起来应对挑战，整合各自的优势资源，才能够实现效能最大化。

当前，人类能够实现颠覆式创新的领域并不是很多，一个新产业从 0 到 100 的过程是个漫长的演进过程。以通信和互联网为例，这两大技术均发端于美国，但是在应用层面却在全球各地不断演进，5G 技术就是这种演进的一部分，人为地割裂互联网和 5G 技术系统的方式，就是在打击全球价值链。唯有全球合作，才是经济价值和社会价值最大化的正确模式。

中国全面发展高新技术体系，其实也是欧洲及美、日等国家长期封锁的结果。中国做了很多“不得不”的事情，从早期的“巴统组织”（即巴黎统筹委员会，简称“巴统”，是对社会主义国家实行禁运和贸易限制的国际组织）到“瓦森纳协定”（又称瓦森纳安排机制，全称“关于常规武器和两用物品及技术出口控制的瓦森纳协定”，英文为 The Wassenaar Arrangement on Export Controls for Conventional Arms and Dual-Use Good and Technologies。尽管其规定成员国自行决定是否发放敏感产品和技术的出口许可证，并在自愿基础上向其他成员国通报有关信息，但实际上完全受美国控制），是被逼得独立自主，独立自主是一种无奈的选择，因为外部环境提供不了一种稳定的供应体系。

大半个世纪以来，中国凭借“逢水搭桥、遇山开路”的韧劲儿，成为全球最令人瞩目甚至也是唯一一个拥有工业全产业链的国家。做产业链，顶级技术供应链很重要，次级技术供应体系和基础技术供应体系也一样重要。不具备完整供应链的国家和地区，在一些限制性的全球产业政策面前，是很难确定并保持自己的发展方向的。

5G 到来之后，中国高效的物流系统将如虎添翼，对于中国和东亚地区的供应链体系将进一步进行智能化升级，区域内协作将会获得新的发展机会。中国产业链的协作效能将获得质的提升，供给侧的改革和 5G 技术也是紧密相连的。

例如，苹果手机的生产线大部分都在中国，在美国本土很难配齐生产苹果手机所需的几百种螺丝钉。美国德州洛克哈特机器零件制造商卡德维制造（Caldwell Manufacturing）曾经拿下苹果公司2.8万颗螺丝钉的订单，分22次交货才完成任务。该公司的总裁史蒂芬·梅洛说："在美国，制造商们很少在零部件批量生产上进行投资，因为这些东西在海外购买更便宜。"反观中国的"长三角""珠三角"等区域，这些地区拥有全球规模最大的产业基地，生产线完整，零件齐全，生产成本低，包括苹果公司在内的各大厂商都表示"离不开中国"。面对东南亚和南亚的更低成本的竞争形态，中国5G技术系统是对于整个产业生态的效能进一步进行加持的技术。更高的智能制造产生了新的效能，能够抵消低成本劳动力带来的短暂成本优势，从而继续保持和构建更加庞大先进的生态系统。

5G和产业生态的结合，可以以城市主导产业应用为例。再看汽车产业，例如武汉已经拥有了完整的汽车产业链，从汽车制造、汽车研发、汽车市场服务到汽车文化，环环相扣。全球三大汽车系统供应商之一——德国马勒集团的负责人几年前就已经来到武汉，马勒董事会主席兼执行总裁海因茨·容克还说："大车企都在这里，我们正是跟着来到武汉的。"大车企最早应用5G技术进行系统改造，实现智能制造，这是一种必然。在工程师指挥之下的智能工厂集群中，机器和机器高度协同，产出标准质量的汽车，这就是武汉作为5G时代汽车城的场景。

邱道勇也认为一个完整的产业链有非凡意义，他在全国知名的创投频道"创投决"大会上跟上千高科技创业者说："任何创业者，都需要将自己置入到一个完整的产业链当中，这能够创造出效能奇迹。我相信，在中国做不好一家创业型公司，在全球其他地方，你也做不好。这里有各种各样的问题，但却是全球最好的创业市场。"

5G 的规模化应用，不仅仅在供给侧能够带动中国发展，在消费侧也将带来巨大的变革，出现新型业态。除了强大的产业规模，中国也拥有庞大的消费市场。中国人口近十四亿，内部市场需求本身就很大，而且就目前的发展情况来看，中国的市场潜力还没有达到巅峰，因为国内依然有几亿人处于低收入状态，消费能力有限。经济学家李迅雷曾说过，“国内至少有十亿人还没有坐过飞机，至少有五亿人还未用上马桶，潜在消费需求巨大。”在未来 10 年、20 年，随着国民经济的翻番，很多低收入者的消费能力会得到提升，国内市场规模也会倍增。

当然，我们在整合用户规模的同时，欧美各国也没闲着。美国继续深挖其在北美、南美等地的市场空间，通过与美洲各国签订军事、贸易协议等方式来整合美洲市场。例如，2018 年美国总统特朗普与墨西哥总统恩里克·培尼亚·涅托签订“美墨贸易协议”等就是很好的证明。不过，美洲仅有 9 亿多人口，消费人群规模无法与亚洲相比。而且他们不是统一语言和统一政策的完整市场，市场内部的霸权国家不能和伙伴国建立起平等的产业链分工，这使得未来统一市场的前景黯淡很多。

再看欧洲，受地理位置、国土面积的影响，英、德等国的内部市场容量并不大。“欧盟”成立后，欧洲各国的资源、市场、技术等便整合起来形成了较为强大的规模效应。不过，欧洲国家众多，各国实力参差不齐、矛盾不断，例如英国的“脱欧”事件等，导致“欧盟”的发展之路走得有些蹒跚，欧洲各国的市场前景目前还难以预料。

从工业领域看，各国 5G 技术是否取得成功，很大程度上取决于各自市场规模的大小。5G 技术的出现会促进物联网爆发式的增长，地球上的万事万物都会紧密相连。到那时，谁拥有庞大的用户，谁就有可能成为通信行业的“老大”。

技术创新应该以应用场景为基础。诚然，欧美发达国家在知识、技术创新方面领先于中国，但是在工业化的应用场景方面，除了军工领域之外，其规模整合度已经显露颓势。未来，随着 5G 技术的不断发展和成熟，中西方在规模、市场和技术整合度等方面的竞争将出现哪些新的变化，我们拭目以待。

7. 赛道：5G都是中美两国的战略

中央电视台记者在采访华为创始人任正非的时候，发现在任正非的办公桌上放着一本书，书名叫作《美国陷阱：如何通过非经济手段瓦解他国商业巨头》[27]，作者是法国人弗雷德里克·皮耶鲁齐、记者马修·阿伦。很显然，这是任正非最近才读的书。在这本书中，法国阿尔斯通集团锅炉部全球负责人弗雷德里克·皮耶鲁齐以身陷囹圄的亲身经历披露了阿尔斯通被美国企业“强制”收购，以及美国利用《反海外腐败法》打击美国企业竞争对手的内幕。这是一场隐秘的经济战争。

法国阿尔斯通集团是国际公认的高新工业技术巨头，在电力工程、早期的高铁技术领域具有世界级的领导地位。如果说诺基亚和爱立信是欧洲网络技术的领军者，是欧洲工业的大脑，那么阿尔斯通集团就是欧洲的手脚。在基础技术工程领域，阿尔斯通也是中国高铁技术系统的参与者和合作者，中国高铁技术正是在追踪学习的基础上获得领先地位的。

通过“长臂管辖”方式，美国对阿尔斯通集团下手了。时间是2013年4

月 14 日，地点是美国纽约肯尼迪国际机场，时任阿尔斯通集团锅炉部全球负责人的弗雷德里克 · 皮耶鲁齐刚刚走下了飞机，几个彪形大汉走了过来，亮明身份，说自己是美国联邦调查局探员。随即，弗雷德里克 · 皮耶鲁齐就被逮捕了。

美国政府拥有极大的情报优势，能够通过电子网络获得政界和商界几乎所有的通信隐私。所以无论对于不听话的政治人物下手，还是对于他国的大企业下手，都可以进行选择性精确打击。这种打击模式和美军的网络战模式非常类似。

弗雷德里克 · 皮耶鲁齐被捕之后，美国司法部指控他涉嫌商业贿赂，并对阿尔斯通集团处以 7.72 亿美元罚款。随即，阿尔斯通就遭到了美国人的“肢解”，其强大的电力业务，被美国通用电气收购了，法国大部分核电站的控制权都易主了。这就是阿尔斯通惨案。

弗雷德里克 · 皮耶鲁齐直到 2018 年 9 月才走出监狱，恢复自由。之后，他创办了一个预防国际腐败的名叫 IKARIAN 的公司，提供战略与运营方面的合规咨询服务，说得更明白一点，就是如何规避美国政府对于其他国家企业的直接打击。

灭掉他国的龙头企业，他国的产业结构就变成了平顶，缺少了塔尖，华尔街资本可以在平顶上做一个空降，开始掌控企业。阿尔斯通惨案说明，即使强如法国，也无力维护自己的企业利益。

欧洲之所以一蹶不振，发展势头减退，一个重要的原因，就是龙头型企业、最具创造力的大企业已经被美国干掉了，或者处于美国政府的“长臂管辖”之下。弗雷德里克 · 皮耶鲁齐说过一句意味深长的话：“美国司法部不是独立的，而是处于强大的美国跨国公司的控制之下。”

相信市场经济的人，在本质上是相信良性竞争的，这是市场进步的背后动力。但是霸权国家对于市场竞争的理解当然和其他经济体不同了。

任正非读《美国陷阱：如何通过非经济手段瓦解他国商业巨头》一书，应该说与美国抵制华为有关。美国对华为发出禁令后，任正非并没有正面回击，直到美国大张旗鼓地号召同盟国联手抵制华为时，为了保证华为的国际市场，任正非才转低调为高调，不但亲自宣传华为先进的 5G 技术产品，还决定状告美国政府，与美国斗争到底。

谈及美国抵制华为的原因时，知名国际贸易专家霍建国认为："当前中美贸易冲突正处于升级过程中，从事态的发展看，特别是最近美国以'长臂管辖'的手段对华为等多家高技术企业进行限制和封杀来看，美国的真正目的并不是要打贸易战，而是针对中国的技术进步和经济崛起，其用心很可能是想通过对我出口产品加征高额关税，迫使中国的出口加工能力外迁，以此达到削弱中国出口产品竞争力的目的，从而全面遏制中国的繁荣和崛起。"

美国的确有这样的危机，其国防部长马蒂斯就曾经说过，随着中国等国家技术水平逐渐提升后，"我们在武器、天空、陆地、海洋、太空及网络等所有领域的竞争优势正在流失，并持续流失。"

自从第二次世界大战结束以来，美国一直保持着"世界霸主"的地位，当意识到威胁来临时，便采取打压竞争对手的方式来维持自己在经济、军事等领域的优势。三十多年前，美日两国的"芯片之战"就是一个典型案例。那时日本的芯片技术已经赶超美国，为了保护本国的芯片产业，美国政府通过打贸易战的方式彻底搞垮了日本芯片产业。这是美国第一次以国家安全为由对同盟国发起的贸易战，此后，美国一直采用这种方式打击强大的竞争对手，而且屡试不爽。

在自知彻底扼杀竞争对手无望的情况下，美国往往会采用各种非战争手段拖延、延迟其在某些领域的发展速度，为美国的发展赢得时间。在 5G 领域的竞争中，美国打压中兴、华为的目的正是如此。美国对于中兴、华为的打压，其实在背后隐藏着更多的进攻的串联型策略，对于中美来说，美国已经发起了技术领域的战略进攻。知识经济在整个现代经济结构中，已经占据主导性地位，美国对于中兴的打压，从本质上来说，是一种新型的战争形态，我把这种以剿灭对手国家核心企业为目标的行为叫作“寂静战争”。打掉一个国家的创新核心企业，比炸弹摧毁无数建筑物，更加具有杀伤力。

为了争夺 5G 技术的控制权，获得未来的国际“制信息权”，中美两国都在加快、加大部署 5G 网络。2018 年，美国的 5G 网络筹备还落后于中、韩两国，美国方面危机感很强烈，无线产业组织 CTTA 的 CEO、总裁 Meredith Attwell Baker 表示：“想在全球 5G 竞赛中获胜，美国只有一次机会，没有第二次。”美国国家安全局针对 5G 网络部署的一份文档中也提出，如果中国成为 5G 网络的赢家，其经济、政治、军事等领域的实力就会得到快速提升，为此，美国方面迫不及待地制定了新的 5G 战略。

美国的危机感如此强烈也是有原因的，美国的宽带速度并非全球第一，4G 的网速并非全球最快，网络普及率也不是国际最高，甚至落后于韩国、芬兰等国家。为了不被竞争对手甩开距离，在这场 5G 赛道争抢赛中，美国就不能大意。美国电信调研公司 Recon Analytics 创始人罗杰·迈尔森认为，美国与中国的差距在于，美国还没有为 5G 网络提供足够的频谱。为此，特朗普政府提出“国家频谱战略”，要为境内各大通信公司发展 5G 技术建立更好的平台。美国无线通信和互联网协会（CTIA）发布的《引领 5G 的国家频谱战略》中指出：“到 2019 年年底，美国与第二竞争对手相比，部署数量可能会翻一番。”

美国的“国家频谱战略”分三步走：第一步是制定一个为期五年的频谱拍卖时间表，为无线行业提供所需的频谱；第二步是强化“自由市场频谱原则”，继续发扬美国自由市场的优势，让频谱的使用达到最佳效果，使得美国无线行业在自由竞争中产生巨大的能量，推动美国 5G 技术的前进；第三步是政府以现代化的方式管理频谱资源，使得频谱既能满足政府的运作，又能促进无线行业的快速发展。

在“国家频谱战略”的辅助下，美国各大电信公司已经开始在多个城市进行 5G 试验，而为了成为业内的第一名，Sprint、T-Mobile、AT&T、Verizon 等通信公司展开激烈的竞争，都取得了不错的成绩。此外，美国联邦通信委员会认为，加快 5G 技术的发展能够缩小本土城市和乡村的数字鸿沟，因此，美国政府计划扩大 5G 网络的覆盖范围，让各个县市、乡村都能享受 5G 技术的便利。

从全球竞争态势来看，5G 已经成为中、美、欧三强必争之地。当然，竞争的主体依然是企业，三强中主要的企业都在 5G 领域布置攻防和各自的战略布局。其中，中国的华为是全球领先的信息和通信技术（ICT）基础设施和智能设备供应商，在 4 个关键领域包括电信网络、IT、智能设备和云服务进行布局深耕。如表 1-5 所示。

表 1-5　华为在 5G 领域布局时间节点

序　　号	时间节点与布局情况
1	华为早在 2009 年就开始开发自己的 5G 技术
2	2013 年，华为聘请了来自全球无线行业的 300 多名顶级专家，宣布投入 6 亿美元进行 5G 研究
3	2016 年，华为建立了 5G 产品线，如今已有超过数千名员工从事 5G 产品开发
4	2017 年和 2018 年，华为在 5G 产品开发方面投入了近 14 亿美元

由于华为战略布局能力比较突出，其在早期就已经预计作为一个龙头企业会被美国进行各种打压。华为在做 5G 技术突破的过程中，也制订了防止美国打压的“备胎计划”，这使得美国在 2018 年、2019 年打压华为的时候，华为启动了一系列先进的软硬件计划，在芯片领域，拿出了和美国高通公司媲美的手机芯片和人工智能芯片，让美国的打压计划落空。

华为在研发领域已经做到了全球领先，创始人兼总裁任正非先生在接受 BBC（British Broadcasting Corporation，英国广播公司）记者采访时给出了华为的新目标："未来五年我们将会总投资超过 1 000 亿美元的研发经费，五年以后，我们公司的销售收入应该会超过 2 500 亿美元。"

全世界都认为华为因为领先而被打压，对美国的国家道义产生了一些影响。而在市场推广和品牌建设层面，美国却为华为打了一个大大的广告，等于说"华为科技竞争力领先，技术成熟度高"。

事实上，华为是行业唯一能够提供包括商用 5G CPE 的 5G 端到端产品与解决方案的厂商，技术成熟度比同行至少领先 12 个月到 18 个月。华为的技术贡献和产业贡献也得到了行业组织认可，包揽了行业关键奖项，如 5G 演进杰出贡献奖、最佳基础设施奖、5G 研发杰出贡献奖、世界互联网领先科技成果奖、最佳行业解决方案奖等。在市场营销层面，截至 2019 年 1 月，华为全球5G商用合作伙伴已经多达50多家，华为已获得30个5G商用合同，2.5 万多个 5G 基站已发往世界各地。

竞争是动态的，华为战略级别的新成果还在不断涌现，在观察华为这家企业的时候，我们更能够感受这种这家公司应对危机的能力。

为了证明自己在技术领域的强力竞争者的地位，2017 年，美国高通公司发布基带芯片骁龙（Snapdragon）X50。这是第一款支持 28GHz 毫米波的 5G 基带芯片，与高通骁龙 855 处理器组合搭配，应用阵营强大（小米、三星、索尼、LG 等品牌手机）。也就在同一年，在"Qualcomm 4G/5G 峰会"中，高通展示了全球首款 5G 智能手机，搭载骁龙 X505G 调制解调器可以随着终端的移动进行自动追踪，确保基站与终端之间始终保持着稳定状态，提供稳定的低延迟高带宽网络环境。2019 年，高通公布新一代移动芯片骁龙 865，等级提升，更具竞争力。在 5G 领域的布局，高通公司也显示了自己的优势，如表 1-6 所示。

表 1-6　高通公司在 5G 技术布局中的主要优势领域

事　　项	优 势 分 析
5GNR	为 6GHz 以下频谱和毫米波设计统一的，功能更强大的 5G 无线终端
LTE Advanced Pro	带来对 5G 至关重要的 LTE 技术进步
5G 频谱共享	通过接入免许可可共享频谱，带来全新的机遇
蜂窝 V2X	汽车与万物互联，实现更安全、自动化程度更高的驾驶体验
5G 大规模物联网	满足低功率、广域物联网使用场景的需求

高通是不可小觑的一家企业，其基础在于建立在美国全球性的信息技术产业综合生态的基础之上，这是高通的优势所在。这种优势，使高通站在大的战略盟友的阵营里，本身就是一种力量的加持。高通可以将一些竞争的侧翼空出来，让其他的美国公司来辅助守城。

华为和高通相比，其攻防难度要大很多，必须“三头六臂”才行，上手要掐住美国政府的耳朵，中手要和高通这样的公司较量，下手还要顺手给诺基亚两记闷拳。中美贸易战打了快两年了，仍然不落下风，从这里我们就能够看到华为这家企业抗打击能力到底有多强。其实，华为在几方力量的攻击之下，早已遍体鳞伤，只是咬牙不吭声罢了。

诺基亚是欧洲在通信领域的“领头羊”，虽然在手机这个消费端失败了，但是在全球通信领域已经积累了约 3 万项通信相关的技术专利，为进军 5G 通信设备市场提供了重要的技术储备与支撑。据统计，2013 年至 2018 年，全球 5G 技术专利申请量共计 2 133 件，在电信网络设备供应商中以占有约 10.5%的专利申请量稳居第二。截至 2018 年 11 月 28 日，华为的 5G 必要专利数是 1 970 件，排名第一；诺基亚紧随其后，数量高达 1 471 件。

早在 2012 年 11 月，诺基亚参与欧盟注资 2 700 万欧元的 5G 科研项目 METIS，是最早进行 5G 技术探索的公司之一，仅仅比华为的布局晚了 3 年。

目前，在战略态势上，对于诺基亚挤占全球市场是有利的，华为被美国政府打压出了市场，诺基亚填补进去就比较容易了。2018 年 7 月，诺基亚斩获迄今为止全球最大的 5G 订单，为美国第三大电信公司 T-Mobile 提供价值 35 亿美元的 5G 设备。根据协议，诺基亚将为 T-Mobile 提供一系列 5G 产品，包括无线电平台、核心网络技术和管理系统等。

中国坚守市场开放的承诺。目前诺基亚已与 16 家运营商在全球 30 个不同国家和地区签署了 5G 部署商业合同，并与我国三大运营商签署了高达 20 亿欧元的合作交易合同。

诺基亚的技术优势也是很明显的，其获得订单的潜在原因，主要在于诺基亚将支持 T-Mobile 在拍卖中获得的 600MHz 频谱以及更高的 28GHz 毫米波频段，600MHz 频谱有利于提供广域覆盖和室内覆盖服务，而 28GHz 频段则可以提供更快的网络连接速率，诺基亚的技术更适合这两个频段的网络部署。

经过美国政府一番运作，2019 年 4 月，美国无线通信和互联网协会（CTIA）发布了一份名为《引领 5G 的国家频谱战略》的报告，这份报告显示，美国和中国的 5G 技术已经“并列第一”。毕竟，对于美国来说，失去一项战略技术领域的优势，面子上是过不去的。

除了部署国内的 5G 技术，美国还积极联合盟国打压、拖延中国 5G 的发展。2019 年 3 月，美国驻柏林大使就以削减情报合作威胁德国政府拒绝华为参与德国的 5G 网络建设，不过德国联邦网络局局长约亨 · 霍曼表示，德国联邦网络局不会没有理由地拒绝任何设备供应商，如果华为的 5G 技术能够满足德国的需求，就有资格参加德国 5G 网络的开展工作。

法国电信运营商 Orange 的 CEO Stephane 也说：“他们（华为）在 5G 上很强，从某种意义上，对我们来说，这样（不与华为合作）会有些障碍。但我们的德国朋友丝毫不介意与华为合作。相反，也有很多世界上的国家正在向华为关闭大门，日本、美国、澳大利亚、英国，这是很奇怪的情况。”

通信网络产业观察者、通信博士张弛认为：“无论是美国联合别国极力抵制华为，还是德国为了华为敢忽略美国警告甚至直怼美国，说到底都是因为以华为为代表的中国通信产业在5G上无处不在的影响力。”

在面对国际竞争时，中国采取的方式与美国的“直接打压对手”截然不同，而是在世界贸易规则内努力加速发展自己，力图利用后发优势拉平差距，甚至取得领先地位，以摆脱长久以来受人钳制的状态。

三大运营商中，中国移动已经在5G技术方面获得1 000项专利，还在全球开设了多个开放实验室，继续研究5G技术；中国联通发布了十几项与5G相关的产业白皮书，促进了5G网络的产业联盟；中国电信尝试将5G技术与云计算、物联网等相结合，收获颇丰。

通信设备厂商们也激流勇进，华为成为全球唯一一家掌握高速微波技术的企业，微波速率达到10Gbps，比传统微波速率的50Mbps快很多。此外，华为还与全球几十家运营商合作开启多张5G预商用网络；中兴首创的Pre5G产品已经在很多国家实现部署；紫光展锐一直致力于5G芯片的研究，很快就能实现5G芯片的商用，到2020年还会推出5G芯片手机等。

高通公司预测，到2035年全球5G的市场价值可能高达3.5万亿美金，与5G相关的产业价值也将达到12.3万亿美金。这样的一块高经济价值的大“蛋糕”，没有哪个国家会将其拱手相让。正是因为如此，5G赛道上也就出现了群雄逐鹿的场景，除了中、美两国，韩国、日本、英国等都计划在2019年下半年开始部署5G网络商用计划。韩国在2018年的奥运会上就展示了自己的5G实力，当一架连接5G网络的无人机将奥运火炬高高举起时，韩国的5G技术水平已经得到很多国家的认可。英国、澳大利亚等国家也在积极部署5G测试。

虽然中、美的竞争很激烈，但远没有达到“不是你死，就是我亡”的地步。埃森哲公司的一位主管 Sanjay Dhar 说："即使中国赢得竞赛，率先建成 5G 网络，游戏也不是'零和游戏'。"通信分析师 Jeff Kagan 也认为，即使中国赢了这场比赛，美国也会是 5G 网络的受益者之一。

其实，当下中、美两国的这种竞争在世界经济史中屡见不鲜，只是在全球各国的联系还不那么紧密的时候，这类竞争往往会发展为长期的世界贸易大战，甚至兵戎相见，直至以一方彻底落败告终。但是，如今世界经济已经实现"一体化"，国与国之间紧密相连，让竞争双方以及其他国家获得共赢，已经成为当下世界经济贸易成员们的共识之一。

当美国在打击中国中兴、华为这样的创新型企业的时候，在未来也将会承受不可预知的战略性后果。实际上，打击中兴、华为的行为，已经在中国的国民之中掀起了一场关于技术创新的讨论。其实这也是一次关于创新的国民总动员，开始认知到创新价值的中国人会越来越多地布局自己的独立技术体系，这种半脱钩性质的自主研发，其竞争结果将会远远溢出中、美之间的技术竞争领域，并对于全球的未来产生战略性影响。在中国，大众已经诞生一个共识型的认识：大企业在创新领域的开拓精神是一个合理的商业伦理。说一千道一万，有这样一句共识其实也就够了，对于未来几十年的发展走向，已经有了这种社会认同的基础。

早在美国频繁与中国打贸易战的前两年，美国退役陆军上校、美国陆军战争学院战略研究所威廉·布劳恩先生就说过：美国战略决策者用"围棋"思维能更好地处理与中国的关系。所谓"围棋"思维，即对战双方虽然有胜有负，但"输家"不一定一败涂地，很可能也会占领棋盘的很多地盘。中美两国在政治、经济、网络等领域的竞争，也可以看作是下一盘围棋，双方无论谁输谁赢，都会有所获益。目前中美两国这场 5G 赛道抢夺战的结果还未知，我们希望双方是在下一盘围棋，而不是象棋。

8. 5G、6G，更激烈的全球竞争时代

5G不是通信技术的终极，而是一种带有量变到质变性质的技术变迁。在5G技术之前，通信技术局限于人与人有限的信息交换；5G之后，还将有6G、7G、8G……更多地呈现出在通信技术基础上的万物重构的新现实。

科学技术的伟大之处在于它能利用有限的资源给人类创造无数奇迹，与以往不同的是，在经历了蒸汽时代、电气时代、信息时代的迭代之后，如今引领科技前沿的西方发达国家在科学领域已经失去了跨代优势，而随着东方各国的崛起，东西方的科技差距越来越小，竞争越来越激烈。

以美国为例，近几十年来，美国的科学基础研究水平并没有迅速提升，其更多的成绩是在应用领域，而科技在应用领域的进步并不能永远保持直线式的高速发展。因此，当美国的应用技术达到一定高度、前进步伐缓慢之后，其他国家就会赶上甚至超过它。中国在智能手机、无人机、电动汽车等领域与美国的差距已经在逐渐缩小。英国、法国、日本、印度等国家也在某些领域赶上了美国。

《时空波动论》[28]的作者陈少华在他的作品中写道：美国清楚地意识到其在科学上遇到的困境乃至绝境。科学界的各种尝试都一一化为泡影，无法取得新的革命性科学成果。在应用科技上，美国已经走到了极致，再难以向前迈进。所以美国感受到了痛苦与绝望。自身在停滞，而中国却一步步赶了上来。必须要采取手段，让中国追赶的脚步停止，这样美国的好日子才能延续。正是在这种背景下，美国才会选择贸易战这种杀敌一千、自伤八百的两败俱伤的方式，来逼迫中国放弃对美国在高科技上的追赶。

中国的 5G 技术已经世界领先，而 5G 技术水平的高低，直接影响了中美两国综合国力的较量。我在前面已经提到过，在大海权时代和粗放型重工业时代高度重叠的时候，美国利用“科技代差优势+锚定石油资源+军事大海权+绿色的政府信用纸”分割陆权、制霸海权，想方设法地阻止大陆型地理经济体的产生和发展，亚欧大陆上的各个国家就因为美国制造的各种矛盾产生遥远的心理距离，多年来一直无法形成关系密切的经济体。但是，这一切很可能随着 5G 技术的发展而产生巨变。如果说蒸汽技术、电气技术是各国赖以争夺海权的技术，那么 5G 技术就是各国争霸陆权的技术。

5G 网络的部署离不开大量的基站，而在中短期内基站只能在陆地上建设，而亚欧大陆又是地球上面积最大的大陆，倘若亚欧大陆因 5G 技术成为紧密结合的经济体，那么凭借庞大的市场规模，未来亚欧大陆的各个国家就会拥有广阔的发展空间。

相对于亚欧大陆的大国，美国对于 5G 时代陆权的竞争就有些弱势。美国位于美洲，虽然也与加拿大以及南美洲的一些国家相连，但整个美洲大陆是在“世界岛”[29]——亚欧大陆之外的大陆，不属于世界的中心，无论美国多么强大、繁荣，其人口、市场规模等始终难以与亚欧大陆抗衡。亚欧大陆是世界文明中心，拥有千百年深厚的发展基础，倘若这片大陆通过 5G 技术融合起来，那么美国将会被边缘化。

美国之所以频频发难于掌握先进 5G 技术的国家和企业，一个原因是 5G 处于美国“棱镜计划”的对立面，挑战了美国在世界经济、政治、军事等领域的制信息权。一个公认的常识是：最先进的科学技术往往最先运用于军事、情报领域，然后再慢慢市场化，为民众的生活、工作提供便利。5G 技术也是如此。美国长期以来掌握着世界的制信息权，但如今其 5G 技术并非世界第一，为了掌握制信息权，美国自然会采取行动限制他国 5G 技术的发展。

2018 年 7 月，由美国、加拿大、澳大利亚、新西兰和英国组成的“五眼联盟”在渥太华召开了紧急会谈，认为中国 5G 技术的发展对欧美各国产生了地缘政治威胁，便联合打压华为。随后，澳大利亚总理特恩布尔还致电美国总统特朗普说“澳大利亚已经决定将华为、中兴排除在澳大利亚 5G 技术之外”，“五眼联盟”的其他国家也纷纷跟随。

改革开放之后，为了追上发达国家的步伐，中国一直在“摸着石头过河”，到后来又“摸着美帝过河”，如今连美帝都到了“摸着石头过河”的时候了。面对未来的挑战，我们只能自己用科技创新来“过河”。

5G 时代已经来临，虽然还没有实现大规模商用，但为了在通信领域占据上风，很多国家已经开始为 6G[30]、7G、8G 时代做准备。

2019 年 2 月，美国总统特朗普说：“我要美国发展 5G 和 6G 技术，越快越好。”3 月 9 日，中国工信部部长苗圩也说：“中国已经开始启动 6G 研究。”

2019 年 3 月，芬兰奥卢大学在莱维举办了全球第一场“6G 峰会”，参会者是两百多位来自各国的顶尖无线通信专家。这些一流人才聚在一起的目的只有一个——为 6G 到来铺平道路。

围绕下一代的通信技术研发，竞争是激烈的，拥有技术竞争能力的国家不会放弃这种战略机会。奥卢大学无线通信中心何世海博士说：“6G 的发展，就是要改进 5G 的缺陷，也就是要有更高的速率、更低的时延。”他认为：采用更高频段通信可能是 6G 的关键技术之一。目前，日本广岛大学已经率先实现了 300GHz 频段的太赫兹通信，何世海说“日本在 6G 领域走在世界前列。”

除了日本，德国也拿出了十分具体的太赫兹通信技术方案。中国还尝试将 6G 技术与生活进行融合。何世海说：“华为在 6G 通信上考虑得很细，已经想到了生活应用中。”据他介绍，华为不但提出“用 6G 时代通过大脑意念控制联网物品，以及利用 WIFI、基站进行无线充电等概念”，还设想“发射一万多颗小型低轨卫星，实现覆盖全球 6G 通信”，计划“在 2030 年建成能够容纳 1 Tbps 传输速率的无线通信网络”。类似美国这种建设陆地基站没有太大优势的国家，在 6G 时代很可能会通过发射小卫星的方式占领更大的通信空间。

英国电信集团（BT）首席网络架构师 Neil McRae 对 6G 和 7G 的预想是：6G 将是“5G+卫星网络（通信、遥测、导航）”，在 5G 的基础上集成卫星网络来实现全球覆盖，特征包括以“无线光纤”技术实现超快宽带，7G 将分为“基本 7G”与“7.5G”，其中“基本 7G”将是“6G+可实现空间漫游的卫星网络”。

此外，Neil McRae 还认为：6G 网络将集成 5G 网络与卫星网络，以卫星导航网络为例，全球有三大不同的卫星导航系统——美国 GPS、中国“北斗”、俄罗斯 GLONASS，因此，6G 将面临的一大挑战将是“如何实现不同卫星系统间的切换和漫游”，而这一挑战需要在 7G 时代解决。

5G 已经来了，6G、7G、8G 也不会太遥远。虽然我们还无法准确描绘 6G、7G、8G 时代的蓝图，但它们一定是带宽越来越宽、时延越来越短、精确度越来越高、应用场景越来越多。目前，中国的 5G 技术很先进，但并不代表在未来的竞争中就能稳操胜券。

第二章 社会机器影响决策权

社会改变 5G，5G 改变社会
第四次工业革命的神经元
物联网：一万亿个新关系
大数据洞见：集群涌现底层规律
支点：5G 其实是社会经济进化的飞跃
社会机器：人类成为二把手

1. 社会改变 5G，5G 改变社会

以 PC 为主要终端的传统互联网的出现，改变了信息的传播方式。在以智能手机为主要终端的移动互联网时代，大家出行带一部手机就可以了，钱包、证件都不用带，这改变的是我们的生活。今后，伴随着 5G 的推广与普及，可以预计智能互联网将会渗透到社会生活的每一个角落，全面地改变社会及生活方式。

为什么说 5G 改变的是社会呢？因为它有三大应用场景：第一个应用场景是大带宽；第二个应用场景是大连接，也就是我们现在所说的物联网；第三个应用场景是低时延、高可靠。

如果说 2G 意味着只能看 txt 文本，3G 是 gif 图，4G 进入视频时代，那么 5G 呢？对于用户而言，5G 最直观的感受是极快的网速和极低的延迟。华为给出的数据是，5G 的峰值速率将达到 10 Gbs，比 3G 快 700 倍，比 4G 快 100 倍。举例来说，从网上下载 1GB 的高清视频，使用 3G 要用十几分钟；使用 4G，可能需要 2 分钟到 3 分钟；但如果用 5G，只需要短短 1 秒钟！

突然有了 5G 这么大的一个数据供给，商家和普通用户都不知道这么大的数据流量和瞬间到达该如何使用。他们想要快速使用 5G 产品，但是真的不明白这些改变意味着什么。对于 5G 即将到来的改变，大部分普通用户是无感的。

从 4G 到 5G 有一个过渡时间区间，《中国经济周刊》记者在一篇采访报道中说：“物联网时代，一个家庭往往会有超过 100 样东西需要连接网络，所以需要新一代网络能够对整体网络频谱利用率更高效，能连接更多的终端新系统。不过，我预计未来 4G 和 5G 会并存，并不是 5G 来了 4G 就会全部被淘汰掉。”

在 5G 领域，美国走得最快的是运营商 Verizon，其宣布计划在三五个城市推出 5G 家庭宽带服务，覆盖全国约 3 000 万户家庭住宅。这对一直以来等待 5G 成为现实的客户和投资者来说是一个标志性的消息。但随着中国 5G 网络建设的全面铺开，预计中国在建设速度和应用广度上会超越美国。无论在网络质量上，还是在应用市场规模上，中国都将领先一步。

除了速度，我们能够直观感受到的 5G 受益还有“免费的生活”。《免费：商业的未来》一书的作者克里斯·安德森（Chris Anderson）[31]表述了一个简单的道理：随着生产力的发展，如果一个产品的边际成本为零，那么这个产品的价格也会无限趋近于零，甚至就是免费的。他甚至预言在未来的某一天，电都将变成免费的。例如，流量是个达到某种临界值之后边际成本几乎为零的东西，免费与否尚需时日，但有一点是毋庸置疑的，就是流量的单价正在越来越便宜。N 年前可能我们 5 元仅能买 15M，而现在 10 元可以买 1G 甚至更多。未来，流量的价格会越来越便宜。有钱的人们会直接使用流量看电视，使用 VR 享受 3D 直播，没有钱的人也基本上可以实现流量覆盖全部智能设备。移动流量无限甚至免费后，未来 SIM 卡也将消失，届时，各运营商不得不将推出新的接入认证方式。

无论多先进的技术，在市场中，都需要适应当下的需求，所以才会有“社会改变 5G”的这种说法。也就是说，5G 的应用进度是由需求推动的。应用过程会逐步深入，而和前几代移动通信模式不同，5G 的应用过程中，含有多次的蛙跳型进程。

但是一旦过了应用的临界点，整个社会将进入万物互联的状态，“城市大脑”将得到全面普及。在这些城市中，每一条道路、每一个井盖，每一块草地，都可能接入网络来管理，整个城市中的学校、医院、工厂、剧院等大型公共和私人空间都可以在网上进行远程访问，比如摄像头、计算机系统以及这些空间内的小型设备，大到锅炉，小到桌椅、板凳、垃圾桶，都拥有了“智慧”。

由此我们看到，在 5G 的发展初期，火车站、飞机场、体育场馆等都会率先应用起来，而所谓的 5G 的主要终端，也会从智能手机变为智能汽车、智能车位、智慧路灯、智慧机床等各类产品。万物互联，智能无处不在。

在低时延、高可靠方面，5G 主要面向的应用目标是交通和工业制造领域。比如，在未来高铁要保证 500 千米时速下流畅的通信。另外是实现车联网，可以利用 5G 帮助我们避免高速公路上的交通事故。以正在试行的谷歌自动驾驶车为例，它 1 秒需要采集 1G 的各类数据，当前谷歌自动驾驶车为单机版，由车辆在本机上处理数据。未来量产的车极可能为联网版本，将数据采集到平台，再由平台处理后回传控制，对时延要求非常高，即使时延是 0.1 秒，汽车也会开出去很长距离，有可能产生事故，5G 的低时延就显得非常必要。

2017 年，世界移动大会在西班牙巴塞罗拉举办，我受到主办方邀请做了一个多小时的演讲。主要针对全球前沿科技和通信产业之间的横向融合趋势。

在会上，展示了通过网络远程控制 2 500 千米之外的一台挖掘机。这种演示方式，其实就是未来工程领域的一些新的应用场景。现在仅能够演示一台挖掘机，在真正的 5G 组网之后，几十台甚至上百台的工程机械就能够彼此通信，进行远距离操纵并进行相互协同。即使复杂的工程和任务，在 5G 条件下也能够进行协同操作。

5G 将广泛应用于工业领域，工厂车间中将出现更多的无线连接，将促使网络架构不断优化，有效提升网络化协同制造与管理水平，促进工厂车间提质增效。预计到 2030 年，我国工业领域中 5G 相关投入（通信设备和通信服务）约达两千亿元。

5G 技术是实现远程设备关键控制重要的网络支撑。远程设备控制是物联网业务应用之一，诸如远程医疗、危险环境远程作业这类市场，受制于技术及网络性能限制现在仍基本处于空白阶段，将来一旦网络性能达到要求，市场将可能迎来爆发增长，潜力巨大。

在 3G 时代，没人会想到微信会在 4G 时代被如此广泛地下载使用。同理，在 5G 时代将会诞生哪些超级应用也是未知的。在中国工程院院士邬贺铨先生看来，很多应用不是在产品开发之前就想好的，很多应用是产品开发之后才会出现，“所以我想只要有了这个（5G）能力，广大的用户会产生更多的应用创新”。

邬贺铨的看法无疑是正确的，在几代通信技术进步之中，5G 未来应用的场景是模糊不清晰的。这种模糊不清晰，不仅仅对于普通用户而言如此，很多专业人士也是一脸茫然。但 5G 产业对于社会经济和社会治理领域的所有场景都将进行一次信息和智能化改造，这个愿景，却是可以预计的。

5G 需要需求做产业导入，但是随着导入阶段的完成，其对于社会的改变将会令人震撼。率先使用 5G 的国家将获得巨大的竞争优势。华为创始人任正非在接受法国记者艾狄安·热尔内勒采访时说：“华为提供的 5G 设备是世界最好的，两三年内世界上不会有任何一个厂家可以赶上。供应不会有问题，公司的生产仍然热火朝天。任何一个产品的先进性不能意味着是高成本，应该是高价值。5G 应用以后你就知道，将来美国可能是落后国家。”

改革开放深刻而快速改变了中国，让中国完成了世界有史以来最大规模的工业化进程，而现在我们可能正在面临一场新的更加激动人心的变革，这种变革将是有史以来最大的工业化产业集群向信息化和智能化集群演化的进程。巨大的人类变革就在面前，我们拭目以待。

2. 第四次工业革命的神经元

“第四次工业革命”不是虚无的口号，有些职业已经感受到了这一变革的到来，这场革命已经渗透进了个体的工作和生活。

工业 4.0（也被称为“第四次工业革命”）正在将价值链连成一个完整的网络，整个商业流程的运作都将随之改变。5G 为社会经济提供了粗大的运行管道，而每一个人的工作，就构成了工业 4.0 的毛细血管。

领先企业首先会让每一个人的工作变成一个数据节点，这些节点数据被收集起来之后，经过智能化数据整理，就变成了智能化的新流程。有些决策环节和标准化的对接环节就会交给机器。工作自动化和智能化对于任何一个人来说，其实都降低了工作强度，将精力放在更加有效能的新的工作中。

工业 4.0 需要每一个人都能够为企业和供应链提供有效数据，这是 5G 时代一个知识工作者的重要工作内容。机器会分析这些数据，有效数据提供者就是工业 4.0 的神经元。

全球性大企业首先建立了自己的全球信息化智能化网络，他们有这个财力来提前实现这种智能网络的构建。这种变革后的组织一方面让员工在资源获得上更为便利；另一方面，员工也在实践快速失败、快速成功的“快速工作法”。

诺基亚作为全球5G技术供应商之一，也是“近水楼台先得月”，率先在自己的产业链上应用了5G技术及相关智能系统。诺基亚贝尔总裁王建亚在不同场合解释了诺基亚贝尔的5G发展思路：在5G技术与各应用之间串联起了一条直通未来的纽带，彰显了5G、人工智能、大数据等前沿技术融合后的“5G+”商业前景和价值。例如，诺基亚贝尔的5GCloud RAN，核心放在云端，计算结果能够直接送到各种各样的终端。王建亚说：“诺基亚在芬兰有个无人工厂，其特点是工厂夜晚没有员工，通过机器人、自动载运车来运转工厂，平时也使用VR来与欧洲的工厂开会。”

除了诺基亚之外，欧洲大公司也在迅速布局工业4.0的基础设施。西门子在全球拥有超过37万员工，在英国有1.5万人。该公司已经在培训和资质方面每年支出5亿欧元，并计划进行更多投资。

2019年，西门子宣布计划投资2亿英镑，并在英国东约克郡戈莱的一家新火车工厂创造数百个工作岗位，以服务包括高铁2号（HS2）和伦敦地铁在内的合同。这家总部位于慕尼黑的公司已经在英国运营了超过170年，目前在英国运营着14家服务于当地需求的工厂，这是西门子在美国、德国和中国之后的第四大市场。

面对汹涌的5G浪潮，西门子的全球首席执行官乔·克瑟尔表示，随着从燃烧引擎到电动汽车的转型，未来10年几乎有三分之一的工作岗位可能会消失。这将是“有史以来最重要的转型之一”。克瑟尔认为，对于行业领导者来说，要负责任地打造未来汽车，并实现转型，将是一个关键的挑战，因为许多传统角色将在短期内消失。作为“第二次工业革命”的领军者之一，西门子顺利地进入“第三次工业革命”的进程中，但是面对工业 4.0，西门子还未做好充分的准备。克瑟尔说：“前三次工业革命的情况非常好，现在我们正处于第四次工业革命的边缘，这将明显影响制造业，因为它占全球 GDP 的 70%。”他说，对于西门子这样有巨大运行惯性的企业，要找到解决技术进步所带来的挑战的办法，包括对那些技能不再相关的工人进行再培训，将由政府和企业来承担。因为人的思维革命是一切产业革命的源头，拥抱变化才能够顺应变革。

在全国主要工业国家之中，对于 5G、智能制造和产业互联网的大融合，各国都在努力布局，中国人在面向未来的时候，尽力在维系开放式创新的局面。美国决策层则一边在尽力发展自己，一边打击竞争者，企图依靠全球霸权延缓中国、德国和日本等工业强国的发展进程。

对于全球主要工业国的第四次工业革命的计划方案，在这里我想做一下罗列：

德国在全球率先推出了“工业 4.0”规划（Industry4.0），“工业 4.0”概念包含了由集中式控制向分散式增强型控制的基本模式转变，目标是建立一个高度灵活的个性化和数字化的产品与服务的生产模式。

美国为“工业互联网联盟”规划 IIC（Industrial Internet Consortium），其主要工作内容以推动人工智能为核心，展开先进智能制造技术的研发应用。

中国推出的计划大家都清楚，叫“中国制造 2025”（Made in China2025）。但在国际上，舆论在妖魔化中国的先进工业计划，这是让很多国内业界人士气愤的事情，为什么其他国家能干能说，中国人却干不得呢？

日本的先进工业计划叫“社会再造计划 5.0”（Society5.0），这里面可能是日本按照自己工业发展阶段的划分方法，但日本对于这个计划的理解是通透的，5G 和第四次工业革命的本质就是社会整体的升级，而不再局限于工业本身。

俄罗斯的计划叫“国家技术创新”计划（National Technology Initiative），旨在保持一些关键工业技术领域保持领先地位。

印度的计划分为两个，一个是“技术愿景 2020”计划（Technology Vision2020），一个是“技术愿景 2035”计划（Technology Vision2035），印度的计划就是集中自己的人才优势，加速发展先进技术，在全球范围内建立一批有竞争力的科技产业集群。

西班牙其实也是欧洲国家中反应比较快的，在德国推出规划不久，西班牙就推出了自己的“战略科学和技术创新国家 2013—2020”计划（Spanish Strategy of Science and Technology and Innovation 2013—2020）。

德国的“工业 4.0”、美国的“AMP”、中国的“中国制造 2025”等这些计划，都统称为第四次工业革命规划，都旨在利用科技的重大突破促进经济产业结构发生重大变化。

对于第四次工业革命到底是什么样的模式，现在业界也比较模糊，可以这样讲，每一个国家都会根据自己的产业状况布局下一代工业智能网络。但是总结一下，第四次工业革命的核心内容可简单总结为“一化、一网、三集成”。

“一化”指的是制造业服务化。所谓制造业服务化，指制造商将在物流、产品设计、车间自动化和客户关系管理等整个产品生命周期中发生根本性的、颠覆性的变革，以实现价值链扩展，从单一的销售产品转向提供产品加服务。“制造业服务化”是未来的趋势，到 2025 年，制造商将从服务中获得更多的收入，而不只是产品收入。

“三集成”包括横向集成、纵向集成和端到端集成。所谓横向集成，是指在采购、生产到销售的全过程中，实现各企业间的无缝合作或价值链横向集成，以确保整个价值链的每一个环节能实时掌控，提供实时产品和服务。这种横向集成也意味着今天的“淘宝模式”终将被淘汰。所谓纵向集成，是指企业内部多个信息系统的集成。一个企业内部通常是多个信息系统间相互如烟囱般垂直并立，纵向集成就是将这些“烟囱”连通，实现企业内部所有环节信息无缝连接，以提高生产效率和实现个性化定制生产。所谓端到端集成，是指对产品整个生命周期的集成，它通过网络与客户、售出的产品建立长期联系，不断从客户或产品反馈的数据来优化或重新设计产品，实现“以产品为中心”向“以产品服务为中心”转变。

要实现“三集成”，ICT 设施是基础，关键需要一个网络。例如，德国提出的工业 4.0 的核心系统叫 CPS（Cyber-Physical System，信息物理网络系统），它定义为一个虚拟数字世界和物理世界交汇而成的系统，即 CPS 将 ICT 和控制技术集成于传统产业之上，利用物联网、云计算、大数据、人工智能等技术来实现自动分析、判断、决策和学习成长，以辅助或替代人类决策。显然 CPS 需要加持了大数据分析、人工智能、云计算等技术的 5G 网络。5G 驱动工业 4.0，主要依靠三大 5G 关键技术：新空口（NR）、网络切片和边缘计算。

可见，第四次工业革命是全新的技术革新，是继蒸汽技术革命、电力技术革命、计算机及信息技术革命之后的又一次科技革命，它将第三次工业革命中的无线传输、计算和云计算融为一体，创建一个统一的技术基础和一个可扩展的全球市场。在这次技术革命中，5G 网络（即“一网”）将成为重要基石。

3. 物联网：一万亿个新关系

物联网是人类信息革命继续深化的必然产物。物联网也不是全新的技术系统，过渡性的物联网系统早就进入了生产制造领域。在之前，因为没有一个概念将这样的新事物串起来，所以在很多场合，一般叫作自动化工厂。

随着 5G 技术系统开始应用，自动化工厂和自动化工厂之间，机器和机器、人和机器、人和人的关系都被一个价值链连接在一起。企业之间的信息关系和人员之间的关系需要打通，最关键的变化，就是机器和机器之间的关系也被打通了。机器和机器之间的这种关系，其实在之前是没有，或者很少被关注的领域，但是在 5G 时代，机器与机器之间的关系网络远远比人类关系网络更大。更大的关系网络，意味着更大的数据融合，这里面其实蕴藏着人类现在无法预知的新的战略机遇。当然，对于网络安全来说，也将遇到史上从未遇到的挑战。

现在，全球物联网接入的设备大约是 130 亿个，到 2025 年，全球接入的互联网设备将超过 640 亿个。《商业内参》发布的《2019 年全球物联网发展研究报告》发布预测数据认为，2035 年，将有 1 万亿个物联网设备接入 5G 和后续的更先进的网络，这些设备通过云端保存传感器数据。而云端的数据实际上在定义这些超大数量设备之间的关系。而另外一份报告认为，人类在 5G 时代接入 5G 网络的设备将达到 7 万亿个，平均每人有 1 000 个设备接入新网络。

丰田的精益制造模式[32]，是基于一种大规模精确协同思想构建的价值链。在工业 5.0 时代，将成为一种普遍的制造业产业价值链上的管理模式。聪明的、实时的供应链成为可能，面向用户的服务链条也将会变得更加高效。

不同的是，丰田的精益制造管理系统仅仅是一个企业和上下游协作的产物，其实是一种更加高效的价值链的管理，物件和物件之间的流通并没有“聪明”起来，对于人的协同能力则提出了更高的要求，某一个节点的供应链失灵，则会对整个供应体系都产生影响。而物联网则在降低人的协同难度的同时，更加注重机器和机器之间的关系，让协同程序和算法来解决机器和机器之间的协同问题。这就是“无人工厂”的新定义，在早年的科幻小说中，屡屡提及这种产业愿景，但是到了今天，确实已经近在眼前了。

洋山港自动化码头是中国物联网和工业 4.0 应用的一个突出的范例。其自动化码头设备由全球数一数二的中国民营企业振华重工提供。物联网的价值就是将振华重工的设备连接起来，形成一个聪明的执行网络。码头的生产管理系统已经完成自动化的堆场作业、水平运输、桥吊操控等操作，工人都不在码头上，而是远程轻点鼠标就能够实现精确的装卸作业，装卸运输设备全部采用电力驱动。大量的传感器材布置在所有设备的运作节点之上，无人驾驶在码头区域内已经完全实现自动化运作。

关于洋山港的更多细节，互联网上有很多资料。但是物联网的未来已经在洋山港的运作中，出色的工业基础和 5G 网络的结合，能够极高地提升码头的运营效率，通过计算得到的结果，能够挑战空间和布置上的设计极限。这种建立在云中的计算系统，能够极大地提升集装箱的移动效率，使出错率降到极低的水准。洋山港中的机器和机器关系，是我们观察物联网世界的一个视角。用传感器、重工机器、云计算和人连接在一起的物联网，代表了一个国家的工业自动化和物联网应用的水准。

物联网的应用也体现在一些大型的体育比赛协同当中。2018 年的俄罗斯世界杯耗资 140 亿美元，堪称“史上最贵的世界杯”。信息通信在这次体育赛事中扮演着重要的角色。

足球场现场容纳几万人，连接用户最集中，通信密度最高，一旦进球，可能有上万人同时并发通信，与家人朋友分享喜悦，对网络容量是一次极大的挑战。因此，为了保障通信，俄罗斯运营商在 11 个比赛场地部署了大量的 Massive MIMO 天线。据透露，这是目前欧洲最大规模的 Massive MIMO 部署。

VAR（Video Assistant Referee，视频助理裁判，是足球专用术语）是除了场上主裁判、两位助理裁判和第四裁判外，新引入的一整套辅助判罚系统。一旦主裁判有任何疑虑，就可请求 VAR 协助，VAR 通过视频回放，向主裁判提供参考，协助主裁判纠正错判、漏判等。例如，在法国和澳大利亚的比赛中，下半场法国前锋格里兹曼接博格巴直塞后，在澳大利亚禁区内与澳大利亚右后卫里斯登接触后倒地，当值主裁判第一时间并未判罚点球。这时，所有球员走到场边，与喀山体育场内四万多名观众通过现场的大屏幕共同观看了争议场景的回放以及 VAR 的裁决结果，主裁判库尼亚据此判给了法国队点球。

此外，在这次世界杯上，还有多项创新性物联网应用。比如远程移动车辆。这是莫斯科市政府与莫斯科最大的出租车公司 Yandex 的合作计划，当

Yandex 出租车停车不规范、未停在停车位内时，该公司可以通过网络远程遥控车辆，使之正确地停在停车位内。再如 EPTS 球员追踪系统。EPTS 即电子追踪系统，其通过球场内的追踪摄像机、球员球衣上带有 GPS 的 MEMS 记录心率等收集数据，将数据实时传送给球队的分析师和医疗团队，通过平板电脑实时了解和统计球员的位置、传球、速度、身体状况等数据。又如 Telstar18 智慧足球。俄罗斯世界杯采用阿迪达斯的全新比赛用球 Telstar18，Telstar18 内嵌 NFC 芯片，当带有 NFC 功能的智能手机与 Telstar18 连接后，可读取关于比赛的各种资讯与数据，球员还可以将数据上传，与全世界的足球爱好者一起分享。

可见，5G 低功耗、高速率、低成本以及低时延的特性，对物联网行业带来的改变是积极且巨大的。

回到物联网最初的概念阶段，1999 年，一个叫作“传感网”的概念在中国科学院被提出来，这便是物联网的雏形。物联网的逻辑和互联网相差无几，它也是一个基于互联网的网络，但有三个与互联网不一样的重要特征，那便是普通对象设备化、自治终端互联化以及普适服务智能化。简而言之，就是利用信息传感设备和网络把所有物品连接起来，进行信息交互，从而实现智能识别和管理。例如，小米原来以手机为中心连接一切设备，连接了超过 1.4 亿台物联网设备，在消费类互联网行业内排名全球第一，又提出了“手机+AIoT（AI 人工智能+IoT 物联网）”双引擎战略。雷军对此表示，相信在这次 5G 的浪潮中，小米也能获得一些很好的发展机遇。

物联网的应用领域十分广泛，较为普遍的有智能家居、智能交通、智能医疗、智慧城市等十多个行业。由于物联网还没有大规模普及，所以关于物联网我们了解最多的大概就是智能家居了，智能家居也是最能体现物联网特质的一个行业。坐落在美国华盛顿湖畔的世界前首富比尔·盖茨的豪宅，以及漫威电影《钢铁侠》中主角托尼的家，便是未来智能家居最好的代表。

物联网的发展需要基础网络设施提供更多的支持，包括传输速率、设备容量、安全性等几个关键方面，而这几个方面恰好是 5G 能够带来的重要变化，所以说物联网将是 5G 标准落地的重要受益者。

5G 标准的推出恰逢产业互联网发展的关键期，整个互联网领域正从消费互联网向产业互联网转型，5G 进一步打破了物联网的发展瓶颈，而物联网又是产业互联网的基础，5G 对于产业互联网的发展会起到重要的促进作用。5G 的发展不仅会促进物联网的发展，也会进一步促进移动互联网的发展。未来移动互联网和物联网将进一步融合，从而打造更强大的应用生态，这也会进一步促进互联网行业的创新。

4. 大数据洞见：集群涌现底层规律

在之前的互联网和通信技术的进步过程中，人与人的关系已经被重新构建了，出现了很过全球性的大企业，比如脸书（facebook）、推特（Twitter）和中国腾讯公司等企业。这些拥有超级用户群体和数据的公司已经在大数据时代获得了先机。这些拥有用户大数据的公司也是当下最值钱的公司，这些都是 3G、4G 时代顺势而为发展出来的企业，基本都是市值达到 4 000 亿美元以上的企业。资本市场为什么会对这些互联网公司情有独钟？并且将巨大的资本投资给这样的轻资产公司？其背后的逻辑是值得深入研究的。

大数据经过算法结构化之后，会得到个体直觉和个体决策达不到的总体察觉。那些以大数据为基础的企业，可以横向用数据资产来并购实体企业，比如微信入口就能够换来其他企业的公司股份。数据优势是企业竞争力的核心模块，拥有数据的企业能够深入洞察用户的需求意向；同时，由于大数据并不依靠主观直觉来进行决策，所以在数据运营质量上能够比人类决策者具备更大的优势。

涌现，是一种在规模基础上产生的运动现象。比如人类无法直觉观察城市的汽车和人流，这种大规模运动能够产生特殊的总体运动规律，如周末的堵车现象，大数据可以提前一两个小时发现城市的主要车辆群体的运动规律，然后提前进行数据性疏解，即依据数据做出车辆疏导决策。

很多人辩解说，再聪明的机器也无法在决策、勇气这样的层面上和人类相比。事实上，5G 时代的大数据规模将有几个数量级的提升，当 5G 网络和云计算将最佳决策的数据分析比较结果呈现在决策者面前的时候，人类决策者是无以反驳的。人只能够选择和人工智能进行“共事”，将最有效的数据决策贯彻到自己的企业运营过程中。

人类用有效的工作来产生有效的数据，这是人在人工智能时代的作用。人工智能和大数据终究是为人服务的。大量的有效工作过程能够产生数据，这些数据在被机器分析之后，会形成超越个体的专用人工智能。例如，IBM 的沃森医疗机器人[33]，就是在大量总结一流医生的医疗过程数据的基础上，总结共同的医疗规律，沃森医疗机器人在面对任何一个个体病人的时候，能够瞬间穷尽数据，对于个体做出诊断。这能够赋能于一般水准的医生，这种医疗机器人能够很好地进行快速诊断，提供数据测量模型，让医疗专家进行二次判断。沃森医疗机器人并不具备自我意识，而只是在大规模数据的基础上，进行深度的数据比对来获得结果的。沃森医疗机器人依赖于人类杰出医生的工作成果，没有这些基础的工作成果——成功的经验和失败的教训，它是无法工作的。

5G 和云计算结合，一个最重要的价值体现就是将数据全部“喂养”给人工智能，通过大规模的数据整理，能够实现“集群涌现底层规律”。在未来，人的角色和人工智能的角色分工就很清楚了。

每一个行业都会产生类似于沃森医疗机器人的人工智能机器人，完成一个垂直领域和横向几个垂直领域的知识整合和数据整合。人为这些智能云机器人提供有效数据，也提取有效计算结果。这些结果的输出，将是很好的决策数据模式。

在 5G 时代，人人都是数据挖掘者。从 5G 的产业链中可以看出，随着 5G 的到来，基础硬件设施提供商、运营商及终端设备提供商都会迎来改变，而随着数据传输速度的加快和终端设备的增多，直接产生数据量的增长，海量的联网终端意味着海量的数据。大数据成为技术“红利”释放的第一高地。5G 时代数据规模爆炸式增长，使得大数据技术中全量数据的分析、挖掘成为可能。

有关数据显示，在可预见的未来，全球数据量将以每两年翻一番的速度增长。到 2020 年，全球的数据量将到达 40ZB。与此对应的数据存储、数据平台、可视化技术、数据安全等领域都将繁荣发展。大数据企业们在手握数据的情况下，会有更多的发挥空间。

例如，随着网络技术和商业应用的升级，运营商大数据业务挑战与机遇并存，面临着超级数据量在行业关联互通的技术难题与重新定义业务的新机遇。超大数据意味着通用人工智能领域能够找到新的发展机遇，这些对于总体人类社会集体智能的把握能力，事实就是在构建一个社会决策机器，学术上将这种总体通用的人工智能称之为“社会机器”。

华为公司中国运营商大数据总经理王军林认为，在 5G 业务面向垂直市场发展的过程中，运营商大数据目前正在探索的机会有很多。只有巨大规模的社会才有机会获得这种通用的人工智能辅助决策能力。

结合室内数字化室分网络及运营商大数据能力，整合行业生态应用，面向企业客户提供整体集成解决方案，有助于企业实现数字化转型。华为已经与运营商一起在地铁、大型购物商场、展览中心、医院等场景进行了解决方案探索，通过部署 Lampsite、SVA 解决方案和大数据解决方案，为个人、企业和运营商带来了很多价值。

随着 5G 新商业应用升级，运营商接触用户的媒体资源（高清视频、VR/AR 等）愈加丰富，结合政企业务的发展及大数据能力的支撑，运营商已具备面向行业开展广告业务的基础，如华为正与运营商一起积极探索用户 VoLTE 通话中视频广告的可行性。

尽管在 4G 时代，像今日头条这样的企业已经开始对于用户进行“信息喂养”，你喜欢什么内容，它就给你推荐什么内容。这就意味着每一个人其实也可以反向来训练今日头条的机器人，让机器人更加适应自己，比如只向自己推荐有效的专业化的有深度的内容，而不是单纯娱乐化的浅层内容。

大规模的人工智能是人类群体集体训练的结果，大量高质量的工作能够训练出更加有价值的人工智能机器。5G 来临后，对人们信息传达方式将有极大的改变，除了我们已经习惯的移动互联网视频、直播外，VR、AR 将迎来发展，新渠道的传播将进入营销整合中。未来线上线下投放整合的选择更为多样，自动化的投放成为标配。VR、AR 等线下体验数据也能够更加快速准确地反馈给企业，指导产品发布和营销活动。当然，这些都已经是运营细节了，细节就像万花筒一样丰富，这是不好做预测的。

此外，5G 还可以帮助企业快速了解用户的反馈。例如在无人超市中，使用 5G 可以更精准地了解到用户的行为，并对超市货品进行监控，及时反馈数据进行补货，精准快速结算，给予顾客良好顺畅的购物体验，客户体验可以更加简化和个性化；同时，数据快速返回供应端，加快供应链的流转。大数据能够发现总体的供应链新规律，从而不断优化供应链，让供应链的效能能够迅速接近极限。

在服务领域，大数据和 5G 的结合，能够获得用户对应用程序性能的反馈，发现用户需求，进而改善产品，这是当前的标准做法。企业从物联网传感器中提取并通过 5G 网络传输的内容组成的大数据，使用大数据来分析物联网应用程序在 5G 网络上的表现，相关的发现可以促进持续改进。数据反馈除了帮助应用程序更好地运行外，还应该对5G网络的发展产生积极影响，比如工程师可以从大量反馈中学习如何配置它以满足物联网应用的需求。

5G 作为底层技术，当传播能力改变后，一切都会随之改变。在数据爆炸的时代，大数据能力成为企业必不可少的能力。这就印证了管理学大师彼得·德鲁克的话："人们永远无法管理不能量化的东西。"

工信部信软司产业处调研员傅永宝认为，数字经济已经成为发展最快、创新最活跃、辐射最广泛的经济活动。但是我国大数据发展仍然面临着"信息孤岛"、"数据壁垒"的问题和挑战，尤其是政府的数据能否进行互联互通、能否进行共享还存在问题。数据缺少规范和标准，给数据的采集、对接、共享、开发利用带来困难，傅永宝说："这需要在码率层面上有真正的专家予以确认，只有数据权利界定比较明确了才好共享、流通、解决数据隐私问题，现在大企业有数据不敢用，无法可依，小企业又滥用，侵犯了一些公民的安全权利。"

5. 支点：5G 其实是社会经济进化的飞跃

真正的人工智能时代，我们已经开始听到鼓点的声音。前几代通信技术的发展，人与人之间的关系已经得到了巨大的改变，但是由于技术的限制，主要是算力和带宽的限制，理想化的人机关系并没有形成，而一直存在于社会学者的思考之中。

人与人之间的才智得以很好结合，比如一些大企业，能够借助全球化分布的研发中心，进行全球协同创新，将知识成果贡献出来。这是互联网和通信技术带来的一场知识获取方式的革命，也是互联网时代最显著的现象之一。商业模式几乎都有替代的模式，但是知识创造恰恰在于在源头上创造了价值。

我觉得 5G 时代一个伟大的变革，就是开始彻底变革人机关系。人和智能机器进入了一个相互促进的新时代。

这种变革最主要的价值还体现在知识创造和融合的领域。人工智能能够提供超越个体智力的数据量化模型，提供新的认知规律，人们利用规律，这是一个相互辅助的过程。我最看好的领域，还是基于 5G 提供的基础工具，人类在科学领域能够进行更加深远的创造，唯有科学革命，才能够引领人类走向下一个阶段。另外，5G 将进一步推进全球化产业和知识的大融合，尽管在政治层面，还有着巨大的障碍，但是从历史发展的趋势来看，未来是挡不住的，反全球化的短期回流对于历史进程会产生暂时波动，但是从长期看不会产生转折性的影响。

2019 年 7 月，全球移动通信系统协会（GSMA）发布报告，5G 行业将给亚洲地区带来近万亿美元收入，并贡献超过 5%的地区生产总值。报告称，2018 年到 2025 年，亚洲的移动运营商将投入 3 700 亿美元用于建设新的 5G 网络。尽管 4G 网络在亚洲仍有很大增长空间，但运营商正在投入大量资金用于铺展 5G 网络，这将使它们得以向消费者提供一系列新服务。由于这股强劲的推动力，到 2025 年，近 18%的移动连接将通过 5G 网络运行。此外，针对世界范围的预测显示，到 2035 年，5G 将在全球创造 2 200 万个就业岗位。

我觉得 5G 时代的到来，带来的飞跃性进展不是在经济增量领域，而是整个社会经济的结构性改变。

用仿生学思维来思考 5G，大象的脑容量大概在 2500 克左右，比人类的大脑大约一倍，但是人的智力要远远高于大象，其中最重要的不同是脑结构的不同。全球知名的脑科学家、巴西神经学家苏珊娜·埃尔库拉诺·乌泽尔（SuzanaHerculano-Houzel）说："与其他物种相比，人类最大的优势就是拥有冠绝生物界的大脑皮层神经元数量。"

我在前文中对于 5G 网络的结构问题进行分析时说，5G 网络中每一个接入的智能设备，都是一个社会的神经元，而神经元越多，连成一个完整的网络，这个社会就越"聪明"。我觉得就社会发展进程而言，之前的互联网就如大象的脑结构，而 5G 开启了一个新纪元，5G 是一种飞跃，人类社会信息结构的改变是不可逆的。

仅仅用一个直接经济价值标准衡量，对于 5G 来说是不公平的，对 5G 社会价值的评估才是值得思考的问题。当然，复杂问题也是可以量化的，尤其是在人工智能时代。

5G 有直接价值和间接价值，我们可以了解一下直接价值。

近年来，内需对经济增长的贡献率稳步提升。内需已经成为我国经济高速增长中的决定性力量，是中国经济的“顶梁柱”。仅未来 3 年我国将建设超过 300 万个 5G 基站，而这仅仅是一个侧面——5G 芯片、5G 终端……从线上到线下、从消费到生产、从产品到服务。5G 在全面构筑经济社会数字化转型的关键基础设施的同时，也将带来强劲的内需和投资需求，促进经济增长和就业扩大。此外，随着 5G 商用推行落地并融合在人们工作学习、休闲娱乐、社交互动、工业生产等各方面，逐步丰富的消费场景和消费形态，必将促进用户体验需求发生变革，产生新需求。艾媒咨询在其发布的《2018 中国 5G 产业市场与商业应用模式研究报告》中预测，到 2030 年，5G 带动的直接产出和间接产出预计将分别达到 6.3 万亿元和 10.6 万亿元。

在迈向高质量发展的进程中，科技创新是引领发展的第一动力。当我们逐步迈向一个以 5G 为基础，万物感知、万物互联、万物智能的世界时，新一轮的技术创新、产业模式也将逐步涌现。从 5G 芯片的研发到 5G 终端的研发，科技创新有了更多的延展方向和可能性。

5G 商用将为传统产业转型升级面临的困难与挑战带来破局机遇。5G 的推广，将为跨领域、全方位、多层次的产业深度融合提供坚强支撑，将推动传统产业研发、设计、销售、生产制造、管理服务等生产流程的进一步向数字化、智能化、协同化方向产生深刻变革，推动工业领域全周期、全价值的智能化管理，助力传统产业优化结构、提质增效。5G 将从创新与传统产业两个层面协同发力，推动全社会产生新的生态能力，推动我国产业结构升级转型、促进中国经济高质量发展。

5G 商用还助力大众实现对美好生活的向往。从沉浸式 4K 游戏体验，到高智能家居高传输低功耗的改进，以及 5G 无人驾驶或远程驾驶，5G 将为人们生活提供更舒适、更高效、更低耗的环境。此外，5G 还为弱势群体的生活带来了更多便利。比如，在 5G 普及后，导盲头盔将有可能用网络识别实时路况和障碍，充当盲人的“眼睛”。再如，5G 加速从医院向家庭护理模式的转型。老人们可通过可穿戴设备来监测健康和用药，得到更加低成本和便捷的医疗服务，实现弱有所扶、老有所依。总之，5G 在百姓生活和社会和谐上将发挥更大的价值，这也是科技创新坚定前行的动力。

6. 社会机器：人类成为二把手

在 5G+物联网系统之下，会形成一个比 4G 时代还要大数百倍的数据网络。物联网将数据汇总之后，会形成一朵一朵的数据云，而这一朵一朵的数据云经过再融合之后，就会形成一个总的决策机器。这个决策机器就是我们说的“社会机器”。

人类总有一天会依靠集体融合性智能进行决策，这个决策融合了人与人之间的关系、人与物之间的关系、人与世界之间的关系、世界与人之间的关系。这些新关系的深度和广度是之前的决策者的个人脑力所难以企及的。智能云具备在极短的时间内穷尽全部数据的能力，这种大规模的计算能力，对于个体来说，是难以企及的能力。个人的决策直觉和经验在大数据面前越来越显得苍白。一切决策均需要一个量化的过程，无论在哪一个层面上的决策，基于数据化的决策都将成为领导行为的标准。

人们之前认为，管理和决策工作带有创造性，人是不可能被人工智能替代的。但是事实并非如此。人们也曾认为大学教授和专业研究者的地位是稳固的，不会被人工智能所取代，这都是基于人类个体的主观直觉做出的思考。其实，在很多高智能领域，人工智能和大数据技术正在逐步“蚕食”专业人士的职业空间，替代他们的专业能力。人的智慧和经验正在加速转变为数据和代码，这是我们这个时代已经呈现的现实场景之一。在决策领域，很难找到比“社会机器”更加全面的个体决策者了。

当然，人在机器辅助之下做决策，这样的案例早就很普遍了。全球性的大企业有足够的财力进行智能化布局。在 5G 时代，几乎所有的大、中、小企业都会找到属于自己的智能量化决策工具。并不是说所有人都会听从机器的决策，而是在每一个决策过程中，都会产生一个强大的基于全域数据的辅助决策。在伦理上，人依然是主导性的人，但是在实际工作中，大部分决策听从社会机器，这是一个必然的趋势。

“植物医生”是中国的一家美妆品牌，其主要基于优质的产品研发，以贴近用户需求和数据管理优势而在业界被广泛认可。在北京西直门的植物医生数据中心，全国 3 000 家店铺卖出的每一件产品，可以在 1 秒钟的时间内呈现在大屏幕上，这些数据经过二次量化结构化之后，可以实时反映全国市场每一个用户的需求和需求变化。这家企业的创始人解勇先生对于量化决策一直抱有极大的热情，基于数据的量化决策使得他和他的企业能够做一些精准决策，而不必去跟随全球其他企业的行为。这种量化之后的数据，能够为企业提供一条自信而独特的发展道路。

对于一些量化领域，人不理解的地方，机器是能够理解的，大数据和精确数据管理能够让决策者的决策质量更高。这就是社会机器在决策中的作用。

做金融的人都知道高盛[34]，这是全球顶级的金融企业。金融领域的工作是一种典型的高智商的智力游戏，时刻考验一个交易者的决断能力。从近二十年的时间跨度来看，2000 年前后，在互联网时代刚刚跨过门槛的时间点，高盛有 600 名分析师和交易员，他们都身负重任，依据投资银行的大客户需求进行股票交易。这些顶级的金融公司都在投入巨资打造自己的交易引擎，也就是基于超级计算机的数据分析量化系统，并且逐步让机器在瞬间就能够分析出交易机会点在哪里。而人在极短的时间段之内是无法做超大量的数据分析的。如今，高盛的交易系统中，600 名分析师和交易员仅仅剩下两名。华尔街和硅谷的软件技术正在合二为一，能够打造一个实时做出反应的交易系统。

高盛的社会机器正在快速取代很多金融领域的高薪者。对于其他的金融公司也是一样的，在大数据量化处理领域，金融行业在 5G 时代，可能是变化最为激烈的行业之一。电子交易已经成为行业最普遍的现象。

金融工作中很大部分领域涉及法律合同。和投行有过合作的人都知道，它们的合同文本可能会有上百页，可能有的条款里埋着“地雷”，需要一一排除，分析合同条款需要金融律师耗费大量精力。比如摩根大通的雅典娜交易引擎之中，就有一项功能，即专门进行金融合同的解析。摩根大通原来的律师和金融交易者需要花费几万小时才能够完成的分析工作，人工智能引擎只需要几秒就完成了。而且这些引擎同样很专业，更重要的是，机器永远不会带情绪，可以在 24 小时随时完成分析工作。

这些案例都是社会机器决策时代到来的“前传”。5G 时代，人工智能在做全局性数据分析的时候，能够利用带宽和时延优势，在快速决策领域产生更大的优势。人工智能在 1 秒内所分析的数据量，可能赶上 100 个交易员一辈子接触到的金融交易数据。这就是社会决策机器的未来。因此我们不得不说：人类在某些决策领域，只能听从机器人了！

第三章　企业家应用创新的契机

企业家就是解决“5G 怎么用”的问题

5G 是一种超级商业渠道，能够传输体验

虚拟空间整合实体空间

5G，下一代巨型企业的襁褓

1. 企业家就是解决“5G 怎么用”的问题

标准化教育可以培养很好的专业人士，但是顶级领导者却总是“野生”的。5G 时代，技术逻辑不能代替企业家的逻辑，这是市场中的常识。优秀企业家是在千军万马之中杀出来的，不是从坐而论道中走出来的。5G 时代，企业界应该更加注重寻找天然具备企业家精神的人，然后将资源赋能给他，让他去完成市场下一轮的创造。

美国经济学家约瑟夫·阿洛伊斯·熊彼特在《经济发展理论》中指出：没有创新就没有经济发展，而创新是企业家的天性。在熊彼特的眼里，企业家们的创新其实就是他们为了企业发展而不断寻找新的思路、新的方法、核心技术以及降低成本的过程。这个过程充满了荆棘和风险，只有不怕失败、敢于尝试的人才能带领企业迈向一个又一个的成功。

在不同时期，各国都有一群杰出的企业家，他们以自己大无畏的创新精神推动着行业的发展，这一点在与大众联系较为紧密的电信行业中表现得尤为突出。

1985 年 2 月，乔布斯在接受采访时说："在未来，（购买家用电脑）这不会是一个信仰行为。我们现在面临的困难在于，人们问你细节，而你却无法告诉他们。100 年前，如果有人问亚历山大 · 格雷厄姆 · 贝尔'你能用电话做什么'，他无法告诉你电话将如何影响世界。他不知道，人们可以用电话获知当晚放映什么电影，或者预定一些杂货，或者给地球另一边的亲戚打个电话。但是请记住，第一封公开电报是 1844 年发出的。这是一个惊人的通信突破。你只要一个下午就可以把信息从纽约发到旧金山。人们都在讨论将电报放在美国的每张桌子上，以此来提升效率。但是却没有实现，要使用电报，人们需要学习整套莫尔斯电码，'滴'和'答'。这要花费大约四十个小时，而多数人永远都学不会如何使用它。于是，幸运的是，在 19 世纪 70 年代，贝尔提交了电话专利。它的原理与电报基本相同，所以人们已经知道如何使用它。"

乔布斯等人是经济史中的巨人，他们对于资源要素的理解是深入而透彻的。技术创新不是完整的创新，基于需求导向和用户导向的管理也不是完整的创新，市场是天然碎片化的，新价值的产生离不开企业家。未来，社会经济创新的主角依然是企业家。所以，投资界需要做一个定义，谁是下一个时代的企业家，就把手中的资本筹码押注给他。

技术改变世界，或者 5G 改变世界的说法，在逻辑上是不通的。最终 5G 时代呈现出来的是什么样子？是新一代的企业家和领军者。由此可见，企业家的天赋使命就是为时代解决各种难题，推动社会的进步。在信息通信领域，谁能把科学技术和现实需要完美结合，谁就能赢得消费者的青睐。乔布斯如此，任正非同样如此。任正非说："作为一家商业公司，华为至少有七百名数学家、八百多名物理学家、一百二十多名化学家、六七千名基础研究的专家、六万多名各种高级工程师和工程师，形成这种组合在前进。我们自己在编的一万五千多名基础研究的科学家和专家是把金钱变成知识，我们还有六万多名应用型人才在开发产品，是把知识变成金钱。我们一直支持企业外的科学家进行科研探索。”

谁是 5G 时代的企业家？我认为任正非是从老一辈企业家中自我蜕变，成为新商业时代的领军者。任正非的伟大之处在于，在东方这片土地上，建立一个比较纯粹的“科学企业”。华为的创新，不仅仅是通信技术领域。最重要的，是解决了一个时代管理的难题，即知识工作者的工作效率问题。华为在科技创新工作领域无疑是比较高效的。

华为解决管理学界的第二个问题就是创立了一个“人人持股的制度”，用管理学的学术语言来说，就是华为创造了一个“范式”，这是一件了不起的事情。范式的可贵之处，在于不仅仅创造出华为这样一个企业，而且能够产生出千千万万个和华为一样的企业。

华为的第三个社会贡献其实是一种观念贡献。华为的企业管理完整地诠释了一种创新行为，即将创新导入一个完整的生态当中去。华为的管理实践，实际上打通了中国人对技术将信将疑的态度，科技研发和投入能够面对最强大的打压，建立一个长链认知体系。卖包子、茶叶蛋当然也可以赚钱，但是这些商业形态无力对抗未来的强大打压式的竞争。

华为是 5G 领域的技术领军者，率先引领中国和半个地球的社会变革。这就是企业家引领的价值。

时代的进步催生出企业家群体，优秀企业家以自己不懈的追求和高尚的精神在解决实际问题中反哺着社会。在不远的未来，又会有哪些企业家以什么样的方式发掘 5G 这座宝藏？又能带给我们什么惊喜？让我们拭目以待。

2. 5G 是一种超级商业渠道，能够传输体验

2018 年 2 月，一年一度的世界移动通信大会（Mobile World Congress，MWC）在西班牙巴塞罗那举行。在大会的展台上，高通工程师约翰·库克（John Cook）面带微笑，从桌上拿起一个印有“Qualcomm Snapdragon（高通骁龙）”字样的 VR 眼镜，介绍道：“这台高通最新款 VR 一体机参考设计基于高通最新款处理器骁龙 845，画面会很美，很流畅。”它没有连接笨重的 PC，也没有复杂的接线，虽外表看起来中规中矩，但当客户戴上它和耳机，一段“太空舱打怪”（SpaceDock 游戏）的沉浸式体验就此开始，短短 5 分钟，并没有晕眩感（motionsickness）。除了不同于以往 VR 体验的四周维度，这次还能明显感受到高低维度，更具现场感，比身处豪华影厅看 3D 电影还能让人身临其境。

这一革命性体验的背后支持，一方面来自于高通刚刚发布的骁龙 845 移动平台，另一方面源于演示环境中极低的网络延迟。高通现场高级工程师 Mamatha Kandi 解释说：“延迟小于 20 毫秒的 VR 设备才几乎没有晕眩感。”

视角传达包含了 90%的信息，革命性显示技术能够带来更加真实的视觉体验，京东方和三星都是这个领域的领先企业。这些都是一步步解决消费者远程体验的问题，这个远程体验模式，对于整个市场来说，将会产生一种巅峰性的变革。比如京东方做出的新型屏幕，为 5G 时代的 VR 使用，屏幕的余晖效应被抑制，少于 20 毫秒，使用京东方的产品，不会导致产品体验拖影严重，造成晕眩。

当然，现在 VR 的短板是触觉体验的表达，但这个技术也在快速的进步当中。其协同技术是一个大的技术族群，沉浸式体验需要具备这样一些因素：高传播速率和更快的连接、移动无线 XR、传感器、人工智能算法、眼球追踪摄像头、手势识别等。而 5G 技术可以支持沉浸式体验。5G 的数据传输速率非常高，能达到每秒数百兆，甚至数千兆比特（Gbps）。正是得益于此，我们才能在看影像时产生身临其境的感觉。

服务体验在旧技术面前只能投降，因为在旧技术条件下，只能人到现场才能够体验。但在 5G 普遍应用之后，能够达到一种虚拟真实的效果。比如，一个人去听现场演唱会，遇到现场门票售罄，可以选择购买虚拟门票，在家中戴上虚拟头盔体验身临其境之感。这就依赖于现场 360 度相机的实时传输，甚至可以通过现场几部 5G 手机拍摄，而后将所拍的场景拼凑成 360 度体验。只有在 5G 技术支撑的场景之下，实时的超高速传输速率才能够保障。

可见，5G 是通往未来通信领域的关键一步。而先进的 5G 技术平台，也一定会是无线通信企业的愿景和目标。在 2018 年 1 月 9 日至 12 日在美国拉斯维加斯举行的 2018 年国际消费类电子产品展览会（CES 2018）期间，刚刚受任为高通总裁的克里斯蒂安诺 · 阿蒙（Cristiano Amon）在演讲中直截了当地点出具体的计划：高通目前致力于推动 5G 发展，为移动通信业务带来创新。

正因为用户体验的巨大变化，再加上 3GPP 刚刚完成首个可实施的 5G 新空口（5GNR）规范，5G 轮廓越来越清晰，因此厂商们也越来越注重沉浸式体验性能带来的重大产业机遇。商业体验革命和远程教育体验革命已经为期不远。CES 2018 期间，一个有趣的现象可以解释这个观点，尽管 2018 年 VR/AR 参展商数量较往年有所下降，但首发新品质量反而攀升。例如，中国厂商 VR 一体机势头凶猛，小米、创维、联想、IDEALENS、爱奇艺、Pico、华为等纷纷推出最新 VR 一体机。

随着移动通信网络的高速发展，5G 与垂直行业的结合将为更多行业带来美好愿景。其中，“5G+云 VR+教育”将开启一种全新的教学模式，给教育领域带来颠覆式的变革。传统的视音频教育也可以解决一部分问题，但是没有临场感，会带来大量潜在知识信息的损失。在很多商业领域，这种“商品+体验”的完整服务传达，都会带来全新的商业模式。科技思想家凯文·凯利说：“产品都会变成服务。”而服务才是未来商业模式的主要部分。

目前由于技术的限制，AR/VR 在基础教育中的应用较浅，多数 AR/VR 企业是通过娱乐化、游戏化的形式，面向青少年及以下低龄学生提供教育产品，普及程度十分有限。

尽管 VR 技术完全成熟形成生态链还需要好几年，但是企业界不得不在现在就布局商业模式的变革。农业种植园借助新的虚拟现实技术，能够传达比较完整的农产品购物体验；蜂农能够借助互联网进行类似于虚拟现实纪录片式的体验表达，来寻找全国甚至全世界的蜂产品消费者。

5G 让“车道”变宽了，“车速”变快了，数据和计算就可以放进“云平台”，5G 的带宽和速率能够将云端的计算结果实时传输到终端，极大地改善了 VR 的画质和体验。举例来说，基于 5G 技术，VR 教育还将扩展更多的应用场景。

在 5G 技术下，通过结合用户学习画像数据，将强大的教研内容进行拆解、标签化，形成记录每位学员对各阶段学习内容反映的大数据基础，同时在上课期间对教学课程进行整体分析和录制，把控课堂场景形态，进而将 5G 贯穿学习的各个环节。另一方面，技术创新必将会升级学习体验，视觉识别、语音识别等技术会进一步渗透到在线学习的各个环节，迭代出更加智能化的工具，实现学习过程中各个环节效率的大幅提升。

随着移动互联网发展起来的企业均有较深程度的人工智能应用布局，5G 技术下，“人工智能+教育”将朝着更广（普及度高）、更深（应用场景智慧化）的方向发展。在即将到来的 5G 时代，在线直播互动从体验上更加接近于线下“老师—场景—学员”的培训服务模式，能够最大限度地提升教学内容的影响力，并提高教学效率。在直播过程中，师生可进行有效的互动，可以随时答疑，与线下学习效果高度相似；在线直播场景化改造后，课程中老师可对学员的学习起到观察和督促的作用，对学习效率和效果的提升有重要意义；直播提供的语言环境和互动场景能够为学员提供浸入式的学习感受，从而提高学员的专注度。

网络时代技术的变革为娱乐性带来更多探索，直播、沉浸式剧本、电玩游戏、分支小说阅读等注重参与感、体验感的交互式娱乐模式兴起，许多影视行业从业人员开始将“互动”的概念融入电影与电视剧，以寻求创新。

互动剧讲究的是一个“玩”字，观众在观看互动剧时能够自主选择剧情走向，遇到不同的分支，随心所欲地进入不同叙事段落，遭遇各种各样的结局。由于其参与性和随机性，“互动+悬疑”的融合可以最大限度地为观众呈现沉浸式破案的魅力，于是流媒体巨头奈飞（Netflix）的互动电影《黑镜：潘达斯奈基》让探案迷们疯狂。视频内容嵌入移动端，设置小关卡，用户的选择不会影响剧情发展，但会影响主人公的判断，导致案件的不同结局。在5G时代，这种互动沉浸式娱乐体验将更加丰富、多样化。

从某种程度上说，我们很难预测5G时代的沉浸式体验会给人们的数字化生活带来哪些改变，毕竟人们正在经历改变，但是我们知道，这些改变将会颠覆以往的认知。身临其境的感受，可能就发生在未来的5G时代。

3. 虚拟空间整合实体空间

很多互联网公司将自身定位为科技企业，但按其产品和服务的本质分类，多数是一种高端服务业形态。总的来看，信息服务体系是普遍存在的，这是互联网公司的主要业务。

在资本市场，由于观念引导能力的差异，同样的实体企业比如钢铁公司，在实体资产规模上并不逊色于互联网公司，但是在资本市场，二者的市值可能会相差十倍、二十倍。如何理解这件事情呢？

总体上看，人类的产业形态由实向虚是一种总趋势。虚实产业的结合是未来几十年的产业发展趋势。“品牌经济”的概念已经有了上百年的时间，品牌和媒体技术和内容传达方式是共生的。品牌的本质就是不断归纳，将品牌变成最容易识别的符号，减少用户的识别时间成本。这种识别在于构建一种快速选择的通道，而不是让用户内心产生一种深切的认同。这就是品牌的1.0 时代，广告营销和品牌就是识别。在 100 年之前，人们在资本市场已经建立了“品牌资产”的概念。无疑，品牌资产是一种虚拟资产。

在品牌 2.0 的时代，特劳特和里斯的“定位理论”告诉渠道商和生产商，品牌需要建立在“用户的心智”基础上。细分市场并且占领用户心智，以独特的诉求来告诉用户，让用户主动记住自己，从而在需求产生的时候，变成一种认知型购买的行为。

在品牌 2.0 的时代，很多品牌企业的虚拟资产已经开始超越实体资产。这种案例已经很多，耐克的品牌和外包模式就是一个案例。其实，耐克的内容传达已经具备了品牌 3.0 时代的诸多特质。耐克的任何表达都是在传达一个完整的体育场景，而不仅仅在用户心里留下一个定位。耐克的表达和运动这种场景相连，用户在运动的时候，无论在什么场景里，自己都能看到耐克。这是生活方式的表达，而不仅仅是停留在心智自然识别层面。

品牌 3.0 时代，也就是 5G 及 5G 后时代，商业的逻辑开始了新一轮的转变。前文已经提供了一个“体验性农业”的概念，品牌农业借助 5G 时代虚拟现实的完全场景表达，能够建立一种场景，这种场景包含了农产品耕作的全部过程，以及农业工作者在作业过程中的分享和体悟。也就是说，类似于耐克这种前瞻性表达模式的品牌企业，将会变得越来越普遍。

一个产品背后不是一个简单的心智概念，而是活生生的人格表达。每一个苹果都有这样表述自己的空间。我认为商品最重要的价值在于，下一代用户需要的是“意义”。吃苹果的体验已经超越了吃苹果本身，在富足时代的消费，意义已经大于实体。

当然，虚拟资产和虚拟空间依然是很值钱的新系统。如果说一些品牌资产价值几百亿人民币，占据企业总资产的一半以上，那么未来这种新的自带虚拟空间的品牌体验，可能占据企业总资产的八成。人们八成的花费是为了“意义”和“体验”买单，这是一个企业家思考的未来。而 5G 为这种新经济时代的到来提供了一种战略契机。

我们知道，VR 中文的意思是虚拟现实。这是一种基于计算机的交互式的三维动态视景。其实对于 VR，大多数人印象就是玩游戏和看电影有很真实的感受。但是 VR 真正应用到产业链上的技术还只是雏形。在 5G 时代，VR 将产生极大的变化，并可以将虚拟现象的空间世界或者万里之外的城市家庭生活栩栩如生地展现在你的眼前，从而真正实现了虚拟和真实的两种空间的无缝融合。

我们预测，在 5G 时代企业家崛起的一个主要路径，其实就是在虚拟空间里先获得新优势，然后利用新优势来整合传统产品，甚至传统产业。由于能够做类似于“全息传达”，新一代的品牌崛起之后，将伴随着老一代的品牌老化。在市场中，品牌和一代人一起老去的事情，其实一直在发生。新老替代是自然趋势。

新品牌不仅构建自己的意义，还在构建一种属于自己的全场景的模式，就像吃一个苹果，做了一会儿“虚拟农夫”的事情。可能在很多消费行业都会发生，但现在已经有一些前瞻性的试用技术了。

目前，世界上已推出了关于 5G 不少新零售“黑科技”，例如 5G 手机、虚拟体感试衣镜。例如，点一点镜子屏幕上的漂亮连衣裙，不到 1 秒钟，屏幕前的自己就“穿”上了这件新衣。在试衣过程中，你会发现，不仅衣服的大小十分合适，而且左右转动，镜子里的自己也会做出相同的反应，完全同真实试衣效果一模一样。

据了解到，该体感试衣镜的应用，是基于 5G 大带宽、低时延的特性，结合 VR 视频捕捉技术，对摄入的视频在云端进行渲染，并通过 5G 云专线和终端进行快速交互，从而为消费者打造一个快速、真实、互动的试衣体验。而且，在这面虚拟试衣镜上，消费者连试多套衣服，用时一分钟都不到，这可比在商场中边逛边试效率高多了，而且还能直接扫码购买。

未来会出现网上商城结合虚拟现实，形成一个虚拟实体店铺。虚拟店铺一家挨着一家，想去哪家直接就过去，又好玩还能促进消费，虚拟店铺商品与实体店铺按照 1：1 的比例展现，加好友还可以组队购物。

5G+VR 将产生令人意想不到的电商革命。5G 其理论网速是 4G 的 100 倍，且延时很低，不会超过 10 毫秒，这也让消费者有了更多身临其境的体验。

在 2019 年成都全球创新创业交易会上，成都联通就展示了通过 5G 网络而构架起的全新医疗和教育方式。在现场，大家可以通过 5G 网络下的 VR 视频与简阳中学的教室相连接，站在几十千米外的会场里，大家就可以感受简阳中学老师的授课。这解决了因特殊情况不能上学而无法及时跟上课程的学生的问题。除此之外，5G 医疗试点的远程超声应用已经在成都市第三人民医院和蒲江县人民医院落地，不用驱车前往成都，蒲江的患者就可以接受成都市第三人民医院通过 5G 操作的机器远程会诊和治疗服务，这缓解了偏远山区缺少专家导致疑难杂症诊疗不及时等问题。中国联通的技术负责人说，在 5G 网络面前，空间距离不再存在，它可以带你穿越时空，完成之前不可能完成的事情。

随着生活节奏的加快，太多的人平时因为忙于工作没有时间去旅行，偶尔的假期也会因为惧怕景区人山人海的景象而不愿意出门旅行，更愿意“宅”在家里。未来中国的北斗卫星系统和 5G 技术将会是 VR 旅行成为现实的主要基础科技。当人带上 VR 眼镜时，选择想要去的目的地，就可以看到实时的目的地景象。这里的展现可不只是展现而已，你可以进入商场，会有 VR 接待员为你进行接待，结合现实场景迅速找到你想要的东西，并且你可以在这里进行购物以及消费体验。而这一切从 VR 中看到的景象都是实时景象。

让 VR 旅行者可以真切地感受到真实的物品影像，这将会是人类历史的革新。让人真正地感受到自己是在旅行地旅游而不是只是在看电影，这样的旅行比现实中的旅行要便捷太多，旅行者不需要在旅途中浪费太多的时间，可以通过 VR 直接到达目的地，并且这不需要消耗旅行者的任何精力以及金钱。尤其是去国外旅行却语言不通的情况，在 VR 旅行中将不复存在，这里一切的语言都可以被翻译成旅行者可以听懂的语言。VR 虚拟现实技术可能会给旅游行业带来颠覆式的变革。人们可能再也不需要奔波到景区去，完全可以在一台全方位的 VR 机器上体验到景区的精髓。这有可能创造出一种全新的旅游模式。

除了商业、休闲和旅游外，虚实结合的技术对治安行业也会产生极大的变革作用。美国警方是这一领域的率先尝试者，而且随着 5G 技术的逐渐落地，其产生的效果也逐渐被认可。据美国纽约 WABC-TV 电视台独家消息，从 2019 年 5 月起，有数百名的纽约市警察局（NYPD）警员，在布鲁克林威廉斯堡的一处先进设施参加 VR 虚拟现实的随机枪击防治训练。这是 NYPD 第一次通过 VR 装置来进行仿真训练。

这套 VR 校园枪击软件是由美国国土安全部（Department of Homeland Security）赞助路易斯安那州大学，由 V-Armed 团队所研发，他们在威廉斯堡的训练中心有完善的 VR 虚拟现实设备，让现场警员在训练时同步收集并追踪其位置、方向以及面对嫌犯时的射击反应等数据。

纽约警察局反恐副局长 JohnO'Connell 说："VR 模拟能新增不同的情境组成，你可以改变场景，且你不需要那么大的空间。因此目前我们很注重这个训练。"

"我能在更短的时间内感受更多的情境模拟……而你真的沉浸其中。"纽约警察局反恐警员 JohnSchoppmann 表示，"这里有很多惊心动魄的场面，而且非常真实。"

“通过这套 VR 软件，警员们能对校园枪击、随机枪击甚至人质挟持等情境模拟训练。”路易斯安那州大学的指导员 Kevin Burd 强调，这里的情境都是基于现实发生过的案件来模拟环境参数。

V-Armed 团队创办人 Ezra Krausz 表示：我们在虚拟现实世界中所做的一切都会被记录下来，我们可以收集统计数据。所以一旦有一百人在做同样的事情，我们就可以从中归纳出最佳解。

另外，从 2016 年起，TASER 公司研发的 VR 智能体验设备已经被用在破案领域了。其设备可以帮助警察接受虚拟现实训练，还可以模拟一些以前破不了的案件，还原其场景。这样的训练和课堂上 PPT 的演示讲解相比显得更加有效。

在可见的未来，随着 5G 时代的正式到来，我们的物理空间距离将逐渐消失，一个新的虚实结合的空间世界在慢慢浮出水面。

4. 5G，下一代巨型企业的襁褓

随着云计算、物联网大数据、移动互联网的出现，互联网已经开始面向生产服务，5G 进入了真正的“互联网+”时代，进入了产业互联网时代，而新时代将为新的企业崛起提供巨大的机遇。

这些年来，互联网的发展促成了一批企业的成长，包括美国的微软、谷歌、亚马逊、Facebook（脸书）等，中国的百度、网易、腾讯、京东等。现在新一轮的互联网和产业融合，将会孕育出大批的“独角兽”企业，肯定会有新一批互联网企业迅速崛起。

5G 时代的海量应用，无疑将对宽带网络提出更高的需求，5G 时代的应用场景更为丰富。这就意味这些领域都是未来“独角兽”企业的“诞生地”。原腾讯副总裁、谷歌资深研究员、硅谷风险投资人吴军在其新书《全球科技通史》发布会上做出上述表示。他说：“5G 时代是能量和通信特别好的结合，原先的网络架构将被颠覆，一定会诞生新的大公司。”

吴军表示，5G 时代最看好的是华为，不过这家公司并不是 5G 时代的产物，而是可叠加式的进步。而 BAT 都不是移动互联网下诞生的公司，目前 B 与 A、T 两家公司的差距越来越大，这一说法也不确切。移动互联网时代诞生的是小米、头条、OV 手机（OPPO 和 VIVO 两个品牌）、抖音等。他举例说，抖音的国际化发展比微信要好，“每一次新的技术起来都会有新公司，一定会出现大公司。”

企业代际的兴替比一代人的兴替时间更短，每一个成功的企业家处于事业巅峰的时候，都觉得这种成功是能够延续的，实际上情况并非如此。身在巅峰，进退都是深渊。我们能够看一代企业家起落的过程，作为旁观者，我们看到了他们在时代浪潮来的时候，逐浪而起，并且直上浪尖，成为弄潮儿。但一旦时代浪潮转向，自己的企业相对衰老的时候，就回到守势，企图维护稳定局面，但最终都是无力回天。这是企业家的宿命。

进入 5G 时代，如果从公司规模来看，大“寡头”无疑将出自通信、汽车等需求更大众、客单价（每一位顾客平均购买商品的金额）更高的行业，例如中国移动、丰田汽车；但如果看行业地位，诸如无人驾驶汽车主控芯片、软件服务等领域，可能会出现市占率更高、闷声发大财的细分行业“寡头”。但是，每一次技术浪潮，能把握住机会的多数都不是上一代企业，所以人们都说，企业家的敌人不是竞争对手，而是他的时代。能够突破时代，一次又一次站在潮头的人，多数情况下是一种幸运。

资深从业者认为，5G 时代还会出现一大批巨型企业，而这些巨型企业中，很多都是新创办的企业。这些新企业的市值可能突破万亿元，完全可以媲美现在主流的互联网企业。

毕马威中国信息与科技行业主管合伙人吴剑林认为，5G 时代的到来，在汽车行业会诞生新的“独角兽”。他说：“在未来，运用应用思维、重视实际需求并将可持续的技术方案（电动化、网联化、共享化、智能化）与基础设施（车联网、电网、交通设施）相结合的企业，将会在未来的汽车科技领域竞赛中拔得头筹。”他认为5G时代的到来会为汽车行业的发展提供必要的基础条件，大量数据生成将给整个行业带来许多机会，更多有效的新商业模式将会衍生出来，行业也会诞生新的“独角兽”。

中国移动前董事长王建宙认为，民用移动通信设备的革命性变化将会在以下三个方面出现，而超级独角兽型企业也许会在这些领域中诞生。

第一个是显示屏。网络技术的升级，往往是通过手机反映出来的，而手机的升级又往往是通过屏幕的变化反映。现在有了柔性显示屏，叫AMOLED（有源矩阵有机发光二极体面板），将来使用7寸、8寸的大屏幕手机的时候，可以把屏幕折叠起来。

第二个是电池。4G各方面功能都比3G要强，除了电池的性能不如3G。因为4G是大流量、大量地看视频，电池续航能力不足一天。5G来了，手机电池的技术更是需要突破。

第三个是操作系统。无论是iOS（苹果公司移动操作系统），还是安卓（谷歌公司的操作系统），它们的内核都是以前的桌面系统。iOS是UNIX操作系统，安卓是Linux操作系统，都是很多年前基于桌面系统诞生的，那时候不需要跟传感器甚至是照相机打交道，没有实时处理，而现在手机的操作系统需要大量的实时处理。“在整个手机系统中，操作系统是非常重要、非常关键的。5G是我们介入操作系统的一个最好的机会，我们不是弯道超车，我们是直道超车。”王建宙说。

凭借着5G的技术特点，穿戴式的设备也将会在功能上有所突破。王建宙认为穿戴式设备突破的关键点就是增加它的功能，这样才有吸引力。比如说用于导盲的头盔，有了5G的超高速率、超低时延、超高密度，实现导盲是完全可能的。

对于 5G 时代诞生巨型企业的预期，是基于产业的规律性认知，但是不知道是哪个企业，哪个企业家。这对于风险投资来说，又有了一个完整的赛道。用中国武侠小说的表达方式——5G 出现江湖，江湖上必有一场腥风血雨。

加拿大皇家科学院和工程院两院院士吴柯在《无线科技下的无限未来》的演讲中提到，当前全球高科技有四个大的发展趋势：全球趋势，市场需求，重点发展，技术革命。吴柯说出了自己的预测："重点发展是指在一些领域进行重点发展，而技术革命则是出现颠覆式的发展，比如 20 世纪四五十年代，半导体的出现就带来了颠覆式的改变。那么，5G 时代更是会产生更多伟大的公司，给我们的生活带来改变。有数据显示，5G 将会产生 12 万亿美元的新的市场，这里面蕴藏了很多的机会。"

5G 正在全球创造全新的商业机会。由于 5G 的"高速率、高可靠、低时延"等特性，对设备、网络、芯片和终端等都会提出全新的要求，巨大的市场需求将为企业带来巨大机遇。这些新特性的每一个方向上都能够产生一些顶级公司。

5G 的发展一方面将带来大量的基站建设需求，另一方面将给物联网技术带来爆发式的发展。据了解，在 3GPP 标准中，5G 网络将面向低时延、高可靠场景和大连接、低功耗场景两大物联网应用。由此可见，物联网、VR、IR 的发展势不可挡，将占领产业链的制高点。对此，王建宙认为：机器与机器间的通信（M2M）与 AI 结合将可能带来 5G 的真正大爆发点，但是两方面技术均需要成熟化，而爆点时间或许仍需要等待长达 10 年之久。而 5G 时代，机器与机器间的通信自身就足以支撑新巨无霸公司占领产业的制高点，但在可预见的 5 年内，并不会出现新巨无霸公司。新巨无霸公司是一个还是多个，也有待时间的考证。

尽管我们从来不相信什么精确的预言，但是经济领域还是存在着一种规律，就是复杂系统中的涌现性。经济系统是一个足够复杂的系统，偶尔有一些天才的分析者，会看到经济规律的潮起潮落。

周金涛[35]以研究“康德拉基耶夫长波周期”见长。他当年有一句名言，“人生发财靠康波”，意思是说，每个人的财富积累，一定不要以为是你多有本事，而是完全来源于经济周期运动的时间带来的机会。在这个时代，如果想赚点小钱，勤奋努力大概率能做到衣食无忧，但是想赚大钱走上人生巅峰，更多的还是靠趋势。

周金涛在预言中提及，“1985 年之后出生、现在 30 岁的人，第一次人生机会只能在 2019 年出现”。2019 年，全球经济发展的宏观环境并不明朗，我一直在思考周金涛的大机会到底是什么，分析来分析去，也就只有 5G 技术变革了。年轻人应该抓住 5G 时代的机会，做出一批大企业。

第四章　长长的坡道

中国，下一个黄金十年

忍一忍，5G 应用是一种远景

高成本是捆绑场景革命的绳索

城市再造战略：智慧城市是未来创新中心

5G 给发展中地区一种垂直型超越机会

1. 中国，下一个黄金十年

对于中国经济来说，人们总是会做一些简单的比较，认为过去都是两位数的增长，现在增长速度跟过去相比，已经逐步回落，处于中国自己定义的“中等速度向中低速度”发展的过渡期。

我的判断是未来十年，中国经济处于一个大的转型期，这个转型期得益于信息技术领域向纵深和社会毛细血管部门延伸的新机会。比如 5G 带来了社会经济变革，这相当于在经济中高速运行的情况下进行系统升级，从工业社会升级到智能社会。很多后发展地区刚刚进入信息社会没有几年，就面临着整个社会发展智能化的新现实。

经济增量增长快，坐二望一的追赶型的急迫感，在这一代人的身上是普遍存在的。全世界都在等待这个时间点的到来：美国不再是第一了。这句话带来的全球性的心理冲击，是巨大的，尽管有各种预测时间表在不断地变化。美国害怕失去第一的位置，这个以美元立国的国家，当经济排列第二的时候，对于金融观念市场将是一个海啸型的冲击；中国人努力争得第一，这是这几代人的雄心，当然也不会自我放弃。

从我的分析模型来看，中美都已经进入经济变革的轨道。而且在中国经济总量越逼近美国的时候，美国国内的改革动力就趋于增强，同时也将激发美国人的创造力。从美国短暂的历史可看出，这个国家是有持续变革能力的。我觉得在持续的竞争之下，中、美两个国家的改革动力都会趋强。从某种意义上来说，中国将会“更加真诚地拥抱创新”，并根据中国社会经济结构的优势，快速、有力地创立前瞻性的新产业。

当然，拥抱创新是要花大钱的，这是任正非对于中国企业家做出的一个示范模式。中国人在科技领域的巨大投入，回报不是在当下，而是在未来十年、二十年，我们现在看到的科技井喷效应，那已经是十年之前的投入产生的成果了。

良性竞争能够激活各自的发展潜力，在国家层面上也是如此。从某种程度上来说，中、美应该是彼此的诤友，而不是对手。随着两个力量体系的此消彼长，我觉得中国经济总规模超越美国的时间还将拉长。中、美之间的技术冷战和竞争，在放眼二十年的竞争周期中，我们会得到一个结果，这就是会出现一个真正建立在创新基础上的中国。5G 是这场技术冷战的第一个引爆点，全球科技竞争进入了一个新的阶段。

接触一些老的数据和新的数据，能够感受到中国的进步。2015 年 11 月 10 日，联合国教科文组织发布的《2015 年科学报告：面向 2030》称，中国研发投资占全球 20%，次于美国的 28%，高于欧盟的 19%和日本的 10%。中国研发投资占 GDP 的比例大约是 2%，接近欧盟。单就中、美两国在研发投入方面的情况而言，从图 4-1 中就可以看出。

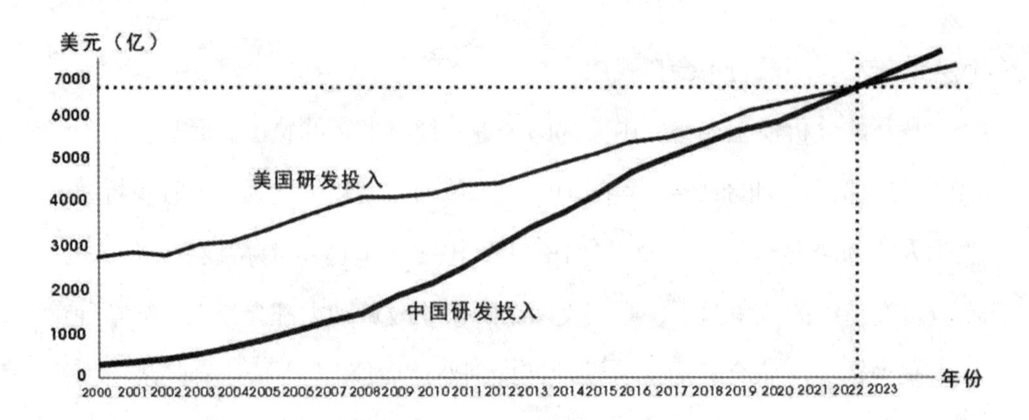

图 4-1　中、美研发投入数据分析及预测（数据来源：历年统计数据综合分析）

中国 GDP 规模已经很大，转变经济增长方式显然需要增大研发投资占比。中国研发投资在大约 5 年的时间里超过美国不足为奇。从 2008 年到 2018 年的 10 年，中国知识产权专利基本年均增长在 14%左右，在全球知识产权专利国之中，是最主要的增量型经济体。

据艾媒咨询（iiMedia Research）统计数据，2008 年至 2018 年，中国专利申请受理量由 82.8 万件增长到 432.3 万件。仅在 2017 年至 2018 年一年当中，中国的专利申请量就环比增长了 14.5%。尽管统计没有深入涉及专利质量，但说明中国已经作为全球知识产权强国出现在国际舞台上了。

欧洲电信标准化协会（European Telecommunications Standards Institute，ETSI）于 2018 年 12 月 28 日的统计数据（如图 4-2 所示）显示，华为公司的 5G 标准专利数量位居全球第一。

尽管在质量上，中国和美国在科技领域特别是在基础科技领域还有巨大的差距，但是研发过程就是大批一流人才成长的过程。这样的账我们需要会算，即不仅看眼前，还要看长远，从长远来看，人才群体才是未来发展的基础工程。

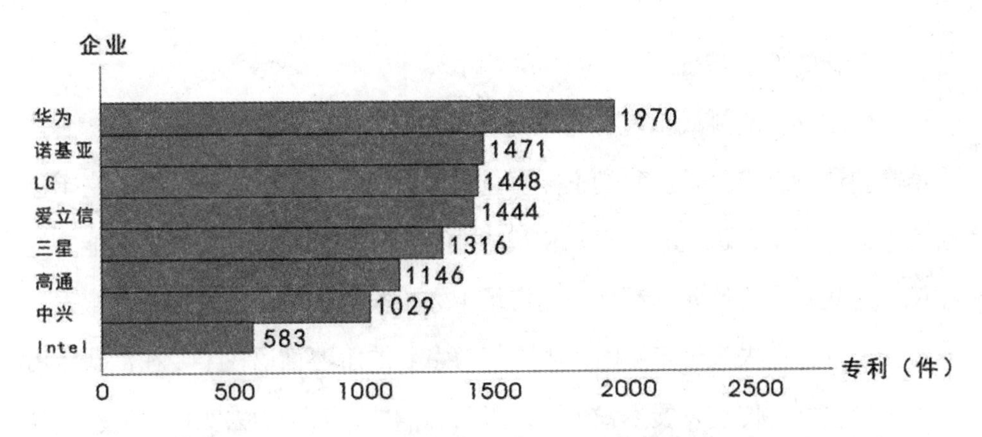

图 4-2　全球主要 5G 企业 5G 标准专利数量对比数据

（数据来源：ETSI 截至 2018 年 12 月 28 日的数据）

麦肯锡全球研究院中国区副院长成政珉说：“为了能在未来十年中取得全球创新领导地位，中国的政策制定者应当调整刺激创新的手段，支持创业，让市场发挥作用……要培育强大的地区创新集群。”麦肯锡全球研究所的一份研究报告给出了肯定答案。报告认为，中国不仅能创新，而且可能成为全球创新的领导者。

其实，我一直觉得，相对于经济规模超越美国对于美国经济的影响，中国创新对于西方和美国领导层的长久影响才是他们最担心的。美国人最担心的不是国际多极化，而是全球科技多极化，这将“危害”到美国从全球搜刮顶级人才的百年战略。当中国、欧洲都成为人才吸纳中心的时候，美国未来的发展就被真正釜底抽薪了。

预计至 2025 年，广义的创新将对中国国内生产总值（GDP）的增长率贡献 2%～3%个百分点，占 GDP 总增长的 35%～50%。

麦肯锡认为，在中国应对人口快速老龄化、债务增加、固定资产投资回报下降等挑战的过程中，创新将扮演日益重要的角色。而中国创新生态体系的成熟、市场经济不断发展及创新的经济回馈机制的成熟，都是未来不断推动中国创新的重要基础。

而中国面临的挑战也是有的，就是如何使那些搞创新的企业能够赚到钱，改革需要让创新者获益。我们不能够让那些持有不动产的人，其收益高于创新的收益。但是，创新驱动模式和智能社会，这些都是供给侧的发展能力的建设，这些新的价值元素都是放在市场中去检验的。任正非在接受外媒采访的时候说过：在未来十年之内，中国能够拿到的主要话语权主要在消费者市场。创新也好，传统发展模式也好，最后都需要在市场中去实现价值。

据美国波士顿咨询集团（BCG）估算，目前中国家庭月收入达到 1.2 万至 2.2 万元的中产阶层上游家庭有望在今后 10 年里增加至 1 亿户。值得关注的是，“有钱+有闲”的服务消费正在到来，中国居民商品的消费支出中，医疗护理、娱乐、金融服务保险占比在未来将不断攀升。消费者正在进入“以收入换取闲暇”的阶段，与闲暇相关的服务、娱乐、体验式消费刚刚起步。

中国创新和中国消费是中国发展的一体两翼。中国的消费市场在过去曾经孕育了很多世界级的企业，在未来也一样能够孕育很多世界级的企业。当然，中国市场也将继续为其他国家的世界级企业提供一个主要市场，任何国家和企业，想不要中国市场，都将是一个极其痛苦的决定。中国消费者有对于新技术的独特偏好，科技产品更新换代很快，他们喜欢追逐最新的科技产品，这种消费升级的姿态和中国未来创新是相得益彰的事情。现在，5G 手机在中国的热销也正在印证中国市场的魅力。

中国国家统计局原局长王保安认为，如果未来十年中国消费保持稳定上升的势头，到 2025 年消费支出规模将扩大到 10 万亿美元以上（以目前价格水平测算），国外消费品制造业有望从中受益。

中国与世界经济研究中心主任李稻葵[36]认为，中国经济未来十年的结构将发生翻天覆地的变化。他认为我们的劳动力成本已经非常高，远超过我们的邻国越南等国家。过去七八年，我们的劳动力成本大幅度提高，劳动力工资增长远高于名义 GDP，劳动力成本的变化将引发经济结构的一系列变化。

我判断未来十年是中国经济发展和未来架构的铺设建设时期。因为 5G 时代的到来，中国需要建设智能社会和创新社会，发展速度将进一步降到中低速的增长率，但是社会发展的质量和企业运营的质量将会得到结构性的改变。这种改变的价值，我曾经跟长江商学院的其他教授们讨论过。中国走在现代化的中途，前面有两条路：

第一条路径，是在没有继续产业升级和结构变革基础上全面融入全球化进程。这是按照发展惯性的自然放任式的发展模式，最终中国经济是走不出“中等收入陷阱”的。即原地不动，等待国际资本特别是华尔街资本的一步步设陷阱式的“收割”。当然，这种情况是不可能发生的，因为中国的发展不可能用“等待”来解决问题。

第二条路径，就是供给侧的改革。整体经济换动能，中国的传统工业产业规模已经是世界最大了。在保持巨大产能的基础上，派出一路精锐，在 5G 这种新的协作架构之下，建立一个靠创新驱动的新的发展引擎。

历史上，所有能够从劳动密集型产业红利顺利转移到工程师红利的经济体，都具备打通不同高科技产业壁垒的能力。例如，日本和德国在“第二次工业革命”之后，就顺利地将社会驱动力转变为工程师阶层驱动，这两个国家也是比较典型的发达国家。

5G 可以构建更加智能化的消费侧经济。中国的消费市场已经表现出了这种分化，这种分化既是我们这一代企业家的机会，也是一种新的危机。

今天的百姓需求也在改变，已经超越了基本的温饱需求。大概在五六年前，宝马在中国市场的销量超过了在美国的销量，而今天奔驰、宝马、凯迪拉克也都如此。这表明在中国市场上，中高端购买力人群的数量已经超过了美国，凯迪拉克甚至有 60%的市场在中国。中国内地有相当大的消费群体，他们的要求很高，要求高质量的产品，其中有一部分人在满足温饱以后还需要更好的金融服务、保险服务，这就是需求的改变。

在传统产业领域，特别是西方国家拥有百年历史的重资产精细制造业领域，中国很多的中产和富裕阶层并不购买中国产品。比如汽车消费领域，欧美企业都是百年企业，其品牌优势带来的认知惯性，使得一些家庭和企业在做购买决定的时候，还是首选欧美的汽车。当然这里面有一定的文化自卑因素在作怪，但是主要还是欧美汽车产业这种地位是中国目前还难以取代的。

但是在新的 5G 产业链领域，中国人就有足够的自信来选择中国自己的产品和服务。我觉得在未来十年，中国会出现一大批新的企业，这些企业将成为引领中国动能转换的主力军。而中国未来十年会不会是新一轮的黄金周期，逆流而上，主要就是需要这一批企业家和企业有自己的作为。

2. 忍一忍，5G应用是一种远景

5G的第一个完整标准R15的出台，意味着面向5G规模商用的网络设备、芯片、手机以及各种多样化的智能硬件可以生产了。据预测，基于这样的标准，全球范围来看，5G商用就在2019年出现。而现在，大量早期的设施建设已经在中国的一些城市区域开始了。

5G商用仅仅是5G服务的开始，要实现大规模的5G应用，还要在商用之后两年到三年的时间。全球移动通信系统协会GSMA大中华区战略合作总经理葛颀说："从过去2G、3G、4G的发展经验来看，只有低价终端出现并成为主流、产生规模效应时，5G网络的服务才会迅速普及，而5G要更好地服务于产业、社会，发挥作用，还需要长期的过程。"

近年以来，互联网公司的发展逻辑开始在经济领域被广泛认知，很多传统行业的企业家也想运用"互联网思维"来改造企业，但是从结果来看，这种生硬的嫁接，确实会带来很多副作用。互联网的逻辑和制造业的逻辑是不同的，尽管一些环节可以互联网化，但是智能社会还在远方，生搬硬套都会带来后遗症。

任正非认为，5G 的发展是非常慢的，这需要很长的时间；国内的运营商虽然已经开始测试 5G 网络，但是 5G 网络的正式商用还是需要很长的时间，或者说即便是商用了，速度也不太可能像理论上说的那么快。任正非说："实际上 5G 作用被夸大了，现在人类社会对 5G 还没有这么迫切的需要。人们现在的需要就是宽带，而 5G 的主要内容不是宽带。5G 有非常非常多的内涵，这些内涵的发生还需要更多需求的到来，还需要漫长的时期。不要把 5G 想象成海浪一样，浪潮来了，财富来了，赶快捞，捞不到就错过了。5G 的发展一定是缓慢的。"

作为国际领先的 5G 技术企业总裁，任正非不把 5G 时代看成是一个"风口"和一个"浪潮"。那些一次解决问题的方式，都是短线思维的体现。日韩将 4G 时代的技术发挥得比较好，能够满足看 8K 电视的需求。也就是说，在信息通信领域，即使他们不升级到 5G 网络，还是能够进入 VR/AR 时代。

5G 的应用主要在工业互联网领域，因为生产领域和重要商业领域能够负担起高昂的成本。但是在民用领域，4G 挖潜的方式，对于中国市场来说还没有完成，这个过程也很长。华为这些企业努力在做的技术突破，比如 5G 要进入毫米波，用户需要多花一倍的钱，增加 100 倍的带宽，这些都需要先有应用市场，才会去选择技术方案。总之，技术没有问题，关键在应用市场。

华为对于通信市场的未来发展趋势看得很清楚，所以在做芯片的时候，5G、4G 和 3G 是兼容的。这种兼容其实就是考虑到了国情和世情，新技术和旧技术还需要连接在一起，而不是一刀两断。

中国工程院院士邬贺铨认为，5G 可以与 4G 基站同址，但现有的 4G 基站数量是远远不够的。5G 需要的基站数是 4G 的 4～5 倍，基站的建设包括室内的覆盖需要一个过程。

另外，现在的 5G 终端还比较贵。随着网络的覆盖范围加大，5G 的用户数增加，5G 手机成本随规模而下降，其价格会与 4G 相当，消费者自然而然就会换5G手机，商用的规模也就越来越大。以4G为例，从出现到当前的应用规模,大约用了6年时间;5G要实现这个规模,预计需要8～10年的时间。

我国要实现5G大规模商用还有诸多瓶颈，芯片和操作系统等基础核心技术需提高自主可控水平，毫米波频段的产业差距需尽快弥补，毫米波频段已经分配的应用还需要协调以便为5G腾出频率空间。

4G网络建设成现在的水平，6年来大约花费了8 000亿元；如果5G要建成，则约需要1万亿元甚至更多。未来5G的价值更多要体现在产业数字化上，这需要得到垂直行业的密切配合。

无独有偶，中国移动公司原董事长王建宙认为，行业应用将成为5G早期的主要驱动力。5G的消费级应用还需要一定的时间才会爆发，这是因为5G网络的全面无缝覆盖需要较长时间。但是，5G的行业应用可以很快爆发。"专用5G（Private5G）"的概念已经提出，即在一个工厂、建筑工地、工业园区内快速实现5G的密集覆盖，并建设独立平台，全面提供各种高可靠、低时延的5G业务。在这样的企业内，可以全面实现自动驾驶、机器人作业和全过程智能控制。

我在展开和5G领域专家探讨的时候,在场的一些创业者和我交流5G时代的"窗口期"问题，我说了我的观点：5G是一个长长的坡道，真正的5G智能社会的到来，真正的物联网社会建立起来，可能需要20年的时间。但我同时也说，这不是预言，5G的窗口期不会短期内就关闭了，和互联网企业不同，需要一种"闪电式创业"模式。5G需要结合企业自己的垂直领域做智能化，这个道路是漫长的。我特别跟一些"90后"创业者说，中国的事情谁又能够说得清楚呢。美国的洛杉矶解决雾霾问题，用了40年；中国的北京和一些大中城市治理雾霾，3年到4年就差不多了。中国就是个创造奇迹的地方，其他国家做事的一般流程在这里不适用。所以，作为创业者，如果觉得自己有和5G结合的机会，随时"揭竿而起"就可以了。

3. 高成本是捆绑场景革命的绳索

庞大的通信市场，有刚性需求，并且要和需求方的购买力相一致，这是值得思考的问题。消费金融和产业金融模式，可以通过透支购买力的方式，提前铺开市场。但是对于商业企业和消费者在 5G 技术应用之后，能不能够受益这个问题，业界是谨慎的。一个良性的市场，需要解决这些结构性的问题。

在移动网络高速发展的今天，智能手机上的 4G 网络已经极大地扩展了我们可以操作的范围，不管是娱乐性还是实用性，如今的网速已经足以满足在线视频、直播、网络购物、在线办公等大部分需求，而 5G 可能将这些需求推向新的高度，但也带来了高成本的难题。

回到移动通信技术的发展，从 2G 一路走来，技术的更迭越来越快。从 2G 到 3G 用了 10 年左右的时间，从 3G 到 4G 用了 5 年时间，而从 4G 到 5G 只经历了 3 年时间。越来越短的代差间隔，也极大地压缩了投资回收期，造成了利润及利润率增长压力。再加上国家一直提倡“提速降费”，许多互联网套餐更是层出不穷，因此对于运营商而言，已经感受到了盈利的压力。

相比 4G，5G 最明显的变化在于速度上的提升以及连接数量的爆发性增长。但是相比于 4G，5G 的辐射范围反而更小，这也意味着想要做到足够的覆盖率，将要建立更多的 5G 基站。而 5G 的基站由于成本更高，因此构筑良好的 5G 网络需要运营商投入大量财力进行建设。除此之外，设备的升级、维护，都需要有足够的经费才能进行下去。即便是如移动、联通、电信这样的运营商巨头，在承担这些成本时也不那么容易。

一方面，面对 5G 成本居高不下的现状，如何让自己拥有足够的资本进场，能够在今后的几十万亿的市场中分一杯羹，是一大难题。另一方面，由于普通用户对于 5G 的感知还不明显，用户更换至 5G 的进度显然不会很快，如何让用户接受并使用 5G 也是今后的一大难题。

首先对于第一点，随着技术的发展，5G 的建设速度必然也会越来越快，而按照市场定律，生产越多的东西会越便宜，因此 5G 的建设成本也会得到很大的降低。不过与此同时，用户的流量费用在国家“提速降费”的大背景之下也在同步下降，因此运营商企业的利润能够维持现状已经算非常厉害了，但大部分企业的利润显然还会下跌。

这也要求相关企业必须转变思路。例如，在过去主要客户是普通消费者，但随着流量费用的进一步下降，运营商想要获取更高的利润，就必须找其他的渠道。显然，如今的流量龙头企业再适合不过了，比如微信、微博等，这些具备实时通信功能的社交软件将成为运营商的头号客户，可能在未来消费者使用软件的流量都是由相关企业付费承担。

站在这个时间节点上，其实也是可以算账的。以手机升级换代为例子，就可以看出来使用成本高出了一截。如果想急速推广 5G，那么只有两条路可走：一条路就是等，等到消费市场的购买力慢慢起来，应用的场景逐步多起来，自然过渡过去；另外一条路就是急速推广，不计成本地占领市场。我觉得前一条道路是可行的。

据相关人士透露，高通发布的 X505G 调制解调器芯片的成本比顶级智能手机调制解调器芯片的成本高出 70%以上。高通和其他芯片制造商正在积极寻求降低 5G 芯片成本的解决方案，但由于 5G 芯片必须使用 7nm（纳米）工艺或甚至更先进的 5nm（纳米）节点制造，所以降低成本的空间非常有限。

依据“摩尔定律”，手机内部的内存、基带芯片等都可通过工艺和技术的迭代来实现成本的降低，但是这却不适用射频前端模块产业，因此这也就是为什么现在我们依然可以通过肉眼看见其电路板上醒目的器件设计。

无法通过工艺来消减芯片制造的成本，同时辐射性影响整块电路板设计，给 5G 终端设备的发展带来阻力，使得射频前端模块厂商不得不面临前所未有的行业压力。许多的产业权威人士一致认为，通信模块的高度集成是大势所趋，现有的工艺尚无法支撑产业的发展，因此也面临着与主芯片厂抢占市场的危机。

5G 智能手机的整体制造成本可能高达 1 000 美元以上，但是消费者是否愿意花费超过 1 000 美元的价格来购买比 4G 机型更重、更耗电的 5G 智能手机，已经成为主要变量，进而会打击芯片制造商、电信运营商和下游组装商在 5G 商业化过程中的积极性。

据悉，韩国公布了早期的 5G 套餐，每月包括 10GB 流量，约合人民币 300 元左右；芬兰运营商 Elisa 推出的首个 5G 套餐也是每月 50 欧元，折算近 400 元人民币；美国最大运营商 Verizon 的 5G 宽带每月的费用约合人民币 482 元。

这些服务资费其实并不算高，但是当我们计算整个技术系统运营成本的时候就发现，这些服务其实也是耗能的大户。根据中国移动集团的公开财报，其在 2018 年盈利 1171.81 亿元，年度耗电总量是 245 亿度，虽然利润不错，但如果考虑到 5G 设施的再投入，也会是一笔巨额的花费。中国电信集团的领导团队也因为成本问题而发愁。

另外，5G 网络铺开的时候，5G 基站的最大功耗约是 4G 时代的三四倍。设想一下，仅仅中国移动集团一年就需要交纳上千亿元的能耗费用，那么运营商的利润从哪里来？最终都会转移到消费市场和商用市场中来。缴着上千亿元的电费，就不能靠着老业务过日子了。对此，有关人士表示："在商业模式上，除传统的基础电信服务业务之外，运营商需要向综合服务提供商的角色转变，同时积极寻求新的商业模式，以适应新一代通信技术的不同特点，合理解决资费问题。"

再说说国际 5G。现在中国、欧洲和美国之间关于未来通信技术的标准也在竞争当中，中国的 5G 使用频段大概在 3GHz 和 4GHz，美国未来可能会使用 28GHz 和 60GHz 系统，如果全球技术系统是分裂的，那么 5G 的运营成本在全球都将被推高。消费市场会白白花费更多的人力、物力、财力来支持不同的系统，并且可能造成互联网的分裂，而这种分裂的成本是巨大的。

我的同乡吴声先生曾经提及一个完整的商业革命的图景，将未来的商业革命统称为"场景革命"。中国的通信运营商需要为一个个场景设计和实施应用场景，这当然是一个机会。但是这种按照个性化设计的信息化场景，很多企业都是难以负担成本的。企业建立智能设施的成本是高昂的，需求和供给需要匹配，这里面是有矛盾的。

商业方案设计没有不计成本之说，都是基于最佳的平衡和妥协状态。通常情况下，中国智能手机消费者对设备的性价比高度关注，在 5G 智能手机生产成本显著下降之前，将成为昂贵 5G 智能手机在中国市场接受普及的最大挑战。但是我们需要知道，移动互联网时代大家都在谈手机，但是到了 5G 时代，大家谈的不再是手机，而是 5G 支撑的物联网，物联网上有无数个类似“专业手机”的智能设备，这些都是成本，场景革命还是任重道远的。但是，我们需要保持前瞻性，找到最佳的平衡之道。

4. 城市再造战略：智慧城市是未来创新中心

我曾经跟一位做城市产业规划的官员开玩笑说：谁要是跟你谈智能城市，你就跟他谈 5G 耗电，首先要思考如何把这些电费给交了。

从应用层面来看，我看过国内一些媒体记者的报道，说韩国和日本的 5G 就在一个小小的区域内可以使用，出了这个范围，还是 4G 网络。而中国未来铺设的 5G 网络是全域覆盖的。其实这是一种对于技术系统的误解。全域覆盖的主要问题就是使用成本问题。沃尔玛不会在小山村里开店，这就是现实。

将城市作为一个智能社会的单元，这种成本还是有必要付出的。重构社会需要建立在新的架构之上。智慧城市[37]的实质是“利用先进的信息技术，实现城市智慧式管理和运行，进而为城市中的人创造更美好的生活，促进城市的和谐、可持续成长”，由此不难看出，建设智慧城市，技术是基础。

总结一下，智能城市就是将城市建设成为一个生态化的智能平台，城市中的社会管理和经济管理都运行在一个大数据为基础的平台上。这是在组织管理的上一层，提供了一种新的“社会决策机器”，最终赋能给城市中的每一个个体。从技术发展的角度来看，首先是通过物联网设备、移动应用来采集城市各类数据，形成分布于各业务系统的数据源；再通过 5G 技术让数据从封闭、孤立的应用系统中高效“流动”起来；然后基于 DAAS（数字音频分析系统）的数据交换共享平台从业务应用层面完成数据交换共享及应用；最终打造“泛在感知、安全互联”的智慧城市。

5G 是像水、空气一样的新型智慧城市生存和运转的必备要素。5G 作为建设新型智慧城市的技术利器，以其技术进步创新城市应用，丰富智慧城市的内涵。5G 将是支撑社会态势感知能力的基础设施，是实现畅通化沟通渠道的技术途径。在 5G 时代，互联网更多的是以物联网的形式存在，将城市融为一体。

在交通方面，5G 和云计算等技术联合，可以实现车与车、车与路之间的实时信息交互，传输彼此的位置、速度、行动路径，避免交通拥堵，还可以为城市交通规划者提供预测模型。对于公共交通，5G 可以帮助减少乘客等待时间，优化公交车库存，提供实时更新的乘客信息、车辆信息，甚至支持动态公交路线；车辆、路灯等设备的信息互通还能帮助智能泊车，避免停车位的拥堵和闲置，增加 27%的停车收入。

在照明领域，5G 和物联网结合形成的照明系统，能够实现根据路段有无行人自动调光，既能节约能源，又能保护社区安全。目前，圣地亚哥和巴塞罗那已经采用智能照明系统。因为这些路灯，圣地亚哥每年节省了 190 万美元支出，预计该系统有潜力每年为全美节约 10 亿美元。

而基于 5G 的智慧城市安防系统，不仅可提供高清、实时的视频信息，甚至还可以实现自动的面部识别（针对罪犯和失踪人员）。例如，旧金山运用无线传感器，生成详细的实时的火器和枪支探测，一旦发现有人使用枪支，传感器可以对其进行三角定位，有时甚至能识别枪支的型号，并将信息发送给警局，从而加快响应时间和部署时间，最终减少了部署该系统的社区近50%的枪支犯罪事件。

此外，还有很多社区运用无线传感器进行气象系统部署，发出气候预警，在龙卷风、洪水等气候事件中为司机提供路线导航，避免极端气候造成的死亡。

根据分析，智能城市项目是最大的物联网细分市场，受到全球供应商和政府近期数百个智能城市计划的推动。

国际数据中心（IDC）预测，到2020年，超过30%的智慧城市项目将在不到20万居民的小城市中进行测试。IDC还预测，到2022年智能城市用例的投资将达到1 580亿美元，这是美洲地区总体增长最快的一年。根据IDC的数据，未来5年智能城市空间的主要趋势将对城市地区产生影响。

据iScoop称，公共服务、交通、安全、可持续发展、基础设施和综合智能功能是智能城市用例和应用增长的主要领域。

芯片设计师Arm在一份报告中表示：预计智能城市的驱动力将从成本降低到更好的公民参与和更多的收入来源（例如红灯违规检测，WiFi热点，5G服务，智能塔，犯罪检测／分析，信息广播），借助计算机视觉和机器学习等先进技术。

根据麦肯锡全球研究所的研究，北美、亚太和欧洲国家正在引领智能城市的发展。过去一年，这些地区出现了许多试飞员和基础设施发展。事实上，伦敦已经被伊甸园战略研究所列为2018年至2019年世界顶级智慧城市政府。

总体而言，市场研究人员预测，成熟智慧城市发展的崛起将从概念验证和试点项目转变为项目开发以改善社区。因此，到2019年年底，可以预期40%的地方和地区政府使用物联网将道路、路灯和交通信号等基础设施转变为资产。

高德纳公司（Gartner）对于智能城市的定义是：将商业、住宅和工业社区结合起来的领域，这些社区正在使用智能城市生态系统框架进行设计，所有部门都与社会和社区协作相关联。

从本质上讲，上述这些分析和预测意味着智能城市是技术领导的计划，旨在改善城市建设环境。

与 BAT 等互联网企业在近年大举进入城市业务不同，华为拥有的庞大的 ICT（信息与通信技术）基础设施，从而构成了其“顺手拈来”的资源。华为认为，“5G+AI”是一个城市成为智慧城市的必需手段。随着城市发展、信息技术的发展，未来人们谈到城市基础设施时不仅是谈城市公路、道路、桥梁，更多会把城市的 ICT 基础设施考虑进去。而随着新技术创新，城市的信息基础设施力量会越来越强，投资也会越来越大。

华为提出，未来智慧城市的新五大基础设施应该是云、物联网、数据库、人工智能和视联网。在模式上，华为提出构建一个大脑即“城市神经系统”，类似于京东城市计算所提出的“城市操作系统”；而在具体平台上，华为要打造数字平台，对云、大数据、GIS、视频云等实现统筹。

目前，华为智慧城市与平安城市解决方案已服务于全球一百多个国家、七百多个城市。在实际落地上，华为也有一批典型的案例。一线城市的标杆是深圳，地级市的标杆是湖南益阳，县域城市的标杆则是山东高青。

以深圳为例，目前在深圳龙岗区华为已经建设了城市级物联网平台、有线+无线网络，以及云数据中心等基础设施，正在建设城市运营中心。这些实践整合了五十多个政府部门，打通了 215 个业务系统数据。此外，华为和深圳机场在智慧交通领域合作很深，启动了国内首个未来机场，围绕机场的诉求，做了一个从业务到技术的全面流程梳理。一直以来，廊桥周转率对提高航班保障效率、进而提高航班正点率意义重大。目前华为通过技术改进，将深圳机场每天的廊桥周转率从10.24%提升到了11%，增加的这0.76%意味着每年机场旅客接待量能达到500万，并且享受更好的登机服务。

借用华为轮值董事长郭平的话来说："城市的数字化转型纷繁复杂，没有任何一种技术可以独立支撑城市数字化，一定是多种技术的组合。"显然，华为正在利用过去多年建立起来的"无处不在的连接"重新布局智慧城市。

5G电费问题对于城市而言不足为虑，仅仅在交通领域里节省的出行成本，就是一个巨大的社会效益工程。城市中智能出行给社会带来了新的效率，时间被节省出来，就可以创造更多的价值。对于城市而言，绝大部分消费都是"肉烂在锅里"，需要从整体来思考智能城市的效率问题。城市的协同变得更加通畅，就是一个智能城市，就是一个创新中心。

智能城市展开和软硬件设施的完善，可能需要很长的时间。智能城市是一点一点生长出来的生态，和建设城市的建筑不同。所以我们需要给这样的发展前景一点时间，一点等待和忍耐。

5. 5G给发展中地区一种垂直型超越机会

中国是一个国情复杂的超级社会。美国威胁世贸组织在国际组织中取消中国的发展中国家地位，可能这些人只观察了中国的大、中城市，而没有机会观察中国的小城市和乡村。中国整体现代化的进程依然任重而道远。

中国的现代化刚刚走入半途，美国抓住机会“半道而击之”，对于中国后发地区的经济增长确实设置了不少的障碍。但是5G时代，这些中国的后发地区同样会和5G汇合，5G能够给中国一些后进地区提供什么样的新的发展机会，这是我和很多经济研究者都格外关注的。

早在2017年冬季达沃斯论坛上，就有专家提出“5G将为第四次工业革命拓宽道路”的重要观点。伦敦帝国理工学院发布的研究报告表明，取决于商业模型设定，平均而言，移动宽带普及率每增长10%，经济增长率就可以提高0.6%～2.8%。若以2016年计算，这相当于5 000亿至2万亿美元的全球经济增长量，移动技术的革新对全球发展贡献是巨大的。

“后发机遇论”在5G时代能够被拿出来讨论，这是一件好事情，5G对于中国经济的均衡发展提供了新的动力。之前，我们愿意待在大城市，因为只有大城市有信息优势，但是在5G时代到来之后，人才即便待在一个小镇，其信息优势也和大城市差不多。这种模式在短期内不会产生什么影响，但是从10年周期来看，这对于资源分散均衡发展还是有好处的。

当一个人在小镇上就能够完成工作的时候，信息获取质量差异并不明显，这种工作环境是之前的网络所难以提供的。5G等新一代技术对经济不发达地区来说，也是一次难得的弯道超车的历史性机遇。其中，典型的就是地处偏远的贵州省。

如果在5G时代到来之后，知识生产和信息传递为基础的资产形式成为主流资产的时候，中国的偏远省份就有了一次发展机会。创意者和创新者在任何一个角落都可以发挥他们自己的聪明才智，而不必待在几个主要的大城市。

刘慈欣[38]在阳泉的一个小水电站里，照样能够创作出世界闻名的科幻作品《三体》，我们期待这种创意能够在很多后发展地区出现，并且成为一个普遍现象。这种“小地方，大人才”新模式能够带领一些后发地区走出来。

在下一代人中，可能会出现工作和身体分离的情况。即人还是大企业中的人，但是身体却在一些发展中的但是环境优美的中小城市。如果近年来设想的“个体+平台”协作型企业成为一种重要的企业生态型管理模式的时候，这种工作和人分离的情况将成为一个很普遍的现象。

贵州这个偏居中国西南部、位居云贵高原的省份，其省会城市贵阳给自己的定位是“数据之都”。《贵州省大数据产业发展应用规划纲要（2014—2020年）》也提到这点：贵州省属亚热带季风湿润气候，夏季平均气温低于25摄氏度；电力价格具有竞争优势，贵州省工业用电平均价格明显低于国内其他地区。

在富士康所在的贵安新区，还坐落着中国电信、中国联通、中国移动的云计算基地和数据中心。电信一期 3 万台服务器已投产。贵州的大数据领域的比较优势已经凸显出来，不过已经体现出一种个人工作和身体分离的情况。这样的情况和我前文描述的情况是相反的。在杭州、深圳、北京、上海的这些数据专家，人不在贵阳，也不在贵州的任何城市小镇，但是其计算中心却坐落在贵州，赖以使用的硬件设施在贵州。这些专家要的数据结果是从贵州计算出来的。

如果专家在贵州生活，将数据投送到大城市，投送给用户，我们会发现，对于工作结果并没有什么影响。大城市拥有的机会和机遇，现在在贵州这些地区也出现了。而在 5G 时代，这种现象可能会更加普遍。

我将这样的现象叫作“工作量子化”，事实上我们测不准这些做数据工作的人是在哪里完成的工作。地理位置在 5G 面前已经不再重要。我记得在 2G 时代就有人提出了同样的观点，但是在 20 年之后，5G 来了，我觉得先见者的思考成真了。

2019 年 3 月，江西省制定了《5G 发展规划（2019—2023 年）》。规划要求重点落实以“6431”为核心的 5G 发展总体布局，即推进 5G 与 VR、工业互联网、车联网、智慧城市、智慧农业和智慧医疗六大类技术的融合应用。到 2020 年，5G 商用步伐走在全国前列，基本实现全省重点区域和重点应用场景 5G 网络覆盖。

江西省正打造虚拟现实（VR）技术在全国的先发优势，未来和 5G 结合将形成先导领域。中国（南昌）VR 产业基地规模效应明显，已经引进了一大批企业和研究机构。目前，南昌 VR 企业有六十多家，赣州市、上饶市、吉安市和鹰潭市等地的 VR 产业也呈现加速发展态势，江西省 VR 产业发展步入快车道。

江西省旅游资源丰富，“5G+文化旅游”应用空间广阔。江西省围绕新能源汽车整车及电池、电机和电控等关键零部件配套产业链较成熟，有利于5G与车联网融合发展。江西省智慧城市建设进展迅速，已有十余个市（县、区）被列入国家智慧城市试点，同时也是全国较早进行智慧农业建设的省份，为“5G+智慧城市”和“5G+智慧农业”的发展奠定了良好基础。近年来，江西省生物医药产业快速发展，逐步成为国内重要的生物医药产业发展基地和国内领先的中药产品生产供应基地，有利于推进“5G+智慧医疗”的新模式探索。到2023年，集聚一批具有行业影响力的5G产业企业，力争培育5G基础产业企业10家以上，全省5G产业规模达到1 000亿元，带动电子信息产业以及其他关联产业总产值达到1万亿元。

中央政府具备全局性统筹和观瞻视角，也拥有全局性数据认知优势。经济学界有人对于产业政策不以为然，但是在实际工作中我们会发现，很多经济发展比较好的地区都是紧跟产业政策的地区，比如江苏。

中央政府和经济研究机构对于产业前瞻的构想和报告，比较精明的省份是听进去了，并且在本地组织资源，完成了面向未来的产业布局。这种布局从短期来看其实经济价值并不明显，但是在5G铺开之后，就会产生优势。

黑龙江也在加快推动5G与智能制造、现代农业、生态旅游、森林经营、生态保护、矿产资源管理等领域的融合发展。除了智慧旅游外，基于5G的网联无人机，将助力黑土寒地大农业。黑龙江耕地集中连片，垦区集约化、现代化经营生产程度高。5G移动通信网络赋予网联无人机很多重要功能，非常适合开展无人机农业植保作业。通过5G边缘计算技术，把云计算、智能化计算将部分处理功能放到边缘节点进行，降低对智慧农业后端系统的处理能力要求。结合大数据技术指挥无人机即测即撒等，实现农业植保智能化。

5G的机会来临了，但是那些本就缺少先天优势的不发达地区究竟能从中获得多少收益，没有人能说得清，我们也会持续观察。

美国“铁锈地带”[39]的衰败历史，其实源于美国人的一个假设，即关掉那些旧产业，这些产业工人能够拥有更好的服务业的机会，也能够进行转变，变成新的知识工作者。但是，在实践中却变成了相反的情况。这些“铁锈地带”最大的教训，就是旧产业被赶走了，在竞争领域被淘汰了，但是并没有新的生产要素在这里重新聚集。重建优势需要强大的领导力，需要强大的变革决心，而美国的这些地区并不具备这样的冲劲。

我在国内很多地区考察，发现中国地方政府的发展意愿是非常强烈的，除了一些中心经济城市，中小城市甚至小镇的领导者都有一个大的进取心。在 5G 时代，引入前瞻性的产业，对于这些地区的后发优势是有很大助益的。中国经济的均衡发展，依赖于后发展地区的企业家和政府的领导力。

第五章　个体赋能和行业赋能

通信运营商回到中央舞台
数字资产的爆炸性增长
5G=商业×科技×创意质量
科技是第一生产力，文创是第二生产力
行业赋能驱动力：各自寻找自己的解决之道

1. 通信运营商回到中央舞台

5G 行业向何处去，一个重要的观察点就是看看这些超级大企业的研究院的人在研究什么，在思考什么，这些内容有时候是一种公共观念产品。中国的很多大企业都有自己的研究院，华为、阿里巴巴、腾讯、百度和一些大的国有企业都有自己的研究机构。对于 5G 技术系统，通信运营商和龙头互联网公司单独努力都不是最经济的方式。

还有一个重要的 5G 产业观察点，就是有大量知名的顶尖人才，离开现在的巨型企业的职位，开始自己创业，因为这些先行者看到了市场里一般观察家还没有注意到的未来机遇。5G 网络正在让新一代的创业者实现自己的梦想，在中国这片土地上创造新的世界级企业。

中国联通副总经理梁宝俊先生说："国有企业在超大社会性基础工程领域是投资的主力军，5G 领域的投资也是如此。超大工程的投资和回报收益周期很长，'四梁八柱'这种架构性的建设，民企和国企通过资本结构的融合，可以形成从基础工程到应用市场的全产业链的生态构建。"梁宝俊认为，5G 到来的时候，通信的"金球"又回到通信运营商的脚下了，如何"踢"好这一球，其实不仅仅关系到 5G 技术本身，也关系到国家科技产业的整体未来格局。人工智能、数字经济、智能终端、工业互联网、车联网等这些大型的综合性应用，需要巨量的投资。联通在 5G 领域，仅仅在早期的产业孵化方面，就组织了 100 亿人民币的资金。在一些战略产业中，一旦导入实际应用阶段，每一个运营商可能都需要再投入数以千亿的资金来构筑中国的5G通信网络。

大运营商回到通信的中央舞台，对于中国的智能社会的建设提供了一种主导性的架构型框架。对于他们来说，5G时代是不能够再失去的机遇。通信运营商在3G和4G时代，几乎所有的赚钱的业务都被互联网公司部分替代了，本来利润丰厚的领域，被腾讯这样的社交巨头夺取了锋芒。运营商由于有巨大的硬件设施投入，他们是一定要收费的；而社交软件运营商是可以免费的。二者在战略上有强烈的对冲性。

马云曾说过一句话：免费的其实是最贵的。站在运营商的视角，现在思考这句话，其实是对的。在通信产业领域，投入一波比一波大，如果在一轮投资中无法获得合理回报的话，那么在 5G 深入到垂直产业中的应用就会受到限制，在 5G 之后的通信市场的竞争中也就可能面临“贫血”的问题。

5G 产业链是一条成本昂贵的产业链，这条链上的知识体系和工程技术体系可以用“巨大”一词来形容，在全球，拥有这个产业链和技术链的国家和企业主体只有寥寥几个。马云的思考是正确的，不能让互联网公司赚钱，而运营商体系不赚钱。任正非在环顾全球 5G 技术供应链的时候，也是这样想的，在 5G 价值链上的链主企业需要在产业链上相对公平地分配利润，保持生态多样性，这才是产业发展的良性状态。

对于产业链上的资本收益和产业运营收益旁落的情况，运营商内心里对于行业现状是不满的，他们也需要重新构建面对用户的新通道。这种新通道到底是什么，现在可以肯定的产业应用架构有两个方向：一个是面向国家战略管理能力的 5G 架构构建；一个是回到自己的本业，在 5G 内容领域做深度长远的战略布局。

5G 基础架构的建设是整个国家的赋能系统，而不仅仅是运营商自己的运营利益系统。对于 5G 云计算和云智能，阿里巴巴的认知能力和布局都是比较早的。因为他们知道未来社会是一个云智能社会，依托 5G 的智能云，将为各行各业赋能，提供完整的生态服务链。

在阿里巴巴的思想库中，5G 智能云商业生态链条由三个重要的价值集群构成：面向用户的服务前台；面向智能化和智能社会的服务中台；面向软硬件技术和实体工程的服务后台。其中，中台战略是阿里巴巴面向未来的主要构建方向，在构建中台智能服务能力上，阿里巴巴进行了多次组织架构的升级，在全球范围内大量寻找构建云智能社会的关键人才。中台战略包括人工智能计算平台、算法能力、数据库、基础技术架构平台、调度平台等一系列架构，其实就是未来智能社会中的主干部分。作为数字经济的领军者之一，阿里巴巴需要走在时代 10 年到 15 年之前做战略部署。

在 5G 时代，中国三大运营商——中国移动、中国电信和中国联通——都有股权混改的战略诉求。不得不说，这些企业在完成标准化工程和战略任务覆盖方面，有着强大的推进能力，但是在研究用户需求细节和面向市场的原创性创新方面，历史和现实都已经证明，这不是它们擅长的事情。

在 5G 时代，互联网公司和通信运营商不是分离的结构，而应该是一种新的联体结构。不仅仅在中国，欧洲和美国的大通信运营商业机构也在做这种联体型的战略布局。在应用领域，中国国企和先锋互联网公司合作，在全球 5G 应用体系中肯定会获得先发优势。

三大运营商的长处在于构建硬件网络和实施战略工程，产业形态是比较固态的。华为对于 5G 时代来说，是一个新的独立物种，我们无法用旧有的类别来判别这个企业的归类，华为的战略布局朝何处去，更像是一种知识流、技术流和工程流，为整个产业大厦提供技术底座。当然，这样的企业也包括另一家杰出的 5G 企业——中兴通信；而阿里巴巴这个企业天然的优势就是在服务端。

在人类的历史中，所有的联盟策略都是一种面对现实的选择。由于 5G 产业链过长，也过于庞大，面对的是整个的经济基本面、万物互联的数字社会和智能社会，几家服务商根本做不了这么大的生意。

在云智能社会中，处于领先地位的企业可能是阿里巴巴、华为和腾讯，在构建智能社会的基础设施领域，这些公司将面临巨大的历史机遇。这些企业的未来规模和服务广度可能会超出我们的认知范畴，其资本结构主要为数字经济体的构成要素，这在全球资本市场都是主流财富形式。

阿里巴巴执行总裁张勇先生说："未来，无论从消费者互动、营销、销售、供应链、物流到云计算，阿里巴巴数字商业操作系统都将帮助品牌和商家运用创新的技术手段和商业模式，创造出基于数字时代的新生态。"

这些话已经很直白了，阿里巴巴将来就是要做偏向数字经济和智能社会的基础设施。阿里巴巴的优势在于生态构建能力和巨大的用户基础，在 5G 和其后的通信革命之中，阿里巴巴能够建立一个巨大的既有主干道的智能系统，也能够建立一些毛细血管型的细节服务系统，这是其他公司很难做到的。在我们的分析系统中，阿里巴巴只要不存在方向性的问题，必然要这么走。它不仅触达消费者，而且能够同时服务企业。

共同拥有宏观和微观的服务体系，这是运营商和互联网公司的一致诉求。在互联网发展的早期，是运营商带着互联网公司玩，但是时过境迁，在服务市场领域的小企业和用户中，互联网公司更具优势，现在是互联网公司和云计算企业带着运营商一起玩。

所以，在国外，这种合作可以优化资产结构；在国内，国有资本和民营资本混改如果比较恰当，也是能够释放一些混改红利的。因为 5G 设施和智能社会的数字设施的结合，对于全社会来说，均是一种正向的事情。

已经离世的中科院院士孙忠良就说过：运营商不仅要考虑商业利益的问题，也需要思考安全问题。美国人在通信领域也有一定的排他性，他们对于中国通信企业是怀有戒心的。那么回过头来，中国的通信基础设施领域可以向全世界开放，但还是需要一种建立可靠系统的内在需求。5G 时代的大企业会有很多的横向联合运营模式，合作企业需要保持一种透明的机制。面向用户的时候，用户能够知道这棵“知识树”上的供应链是值得信赖的。

5G 领域的知名专家杜叶青先生说：“中国最早的 5G 应用场景肯定是政府信息智能系统的先行，高效政府对于智能化的渴求是强烈的。这其实意味着运营商的机会。重点关注政务、金融、生态环境、公安、制造等领域。华为也一直关注这些战略行业的机会。”

中国联通和阿里巴巴合作，在政务领域打造了两项最新产品——“智慧政务大脑”与“生态环境大脑”。这其实就是让政府工作具备更高的管理效能。5G 的推广应用，会率先建立智能型政府和效能型政府。

中国运营商仅仅服务于这些战略产业还是不够的，运营商也想进入更加广泛的商业服务领域来赋能商家。阿里巴巴的新使命也就变成了“在数字经济时代，让天下没有难做的生意”。运营商从卖流量服务进入常态性的用户服务领域，这是它们未来的刚性布局，不得不为。

而在建立新的服务体系的过程中，内容资产已经成为必要的布局方向。5G 提供了这样的战略级别的进取机会。以内容资产和内容服务为基本的业务驱动模式，通过阿里巴巴这种大数据和人工智能平台实现智能匹配型选择，从而跨过不能直接连通用户的障碍。从语音和流量服务平滑过渡到内容服务，这种演进将是一个长期的过程。

知名音乐人、阿里巴巴首席娱乐官高晓松，在演讲中谈及5G的时候，也抱着相同的观点，他说："5G到来的时候，为什么运营商能够回来，在3G、4G时代，运营商被互联网公司踩得很惨，几乎被挤到了边缘，在5G时代，它们本身也变成厉害的内容服务商回来了。"高晓松谈到，开启LAAS模式（云计算的服务模式之一），基础设施即服务，是未来运营商面临的业务变革模式。在5G时代，运营商需要更加开放，业务需要思考基础用户的常态性需求，也需要更加柔性，拥有先进设施仅仅是基础，运营商想要持续的高回报，最终还是要回到产业中，回到场景中，回到商业利润上。

互联网公司和运营商的战略融合，能够实现双引擎驱动模式，即通信引擎和产业引擎的结合。当然这种双引擎驱动模式不仅仅局限于互联网公司，运营商与垂直行业巨头的产业双引擎越来越多，还有更多杀手级应用，需要更大资本导入，显然，在中国这些典型运营商具备巨大的资本和资源运作能力。"5G+行业技术"的应用需要大的运营商介入，重资产投入才能够获得解决方案。

京东物联事业专家周炯先生认为，运营商已经发现了战略机遇，云计算和人工智能的结合，能够为各个行业提供解决方案，这些应用企业在使用网络服务的过程中也会贡献数据，而这些巨量的数据将成为资产项，成为驱动产业运作的燃料。在这些5G时代的企业中，没有数据，也就无力组织生产，大数据的使用和权属，可能会成为下一个时代的经济霸权。

5G时代的运营商已经不仅仅进行通信服务了。它们更大的主战场在为现代重要的战略产业服务，向重要制造业场景进行深度渗透，收集跨越企业的总体产业数据，并进行全天候的数据服务。5G是个渠道，数据是其中流动的水，水流就是这些运营商的新的财流。

2. 数字资产的爆炸性增长

备受争议的视觉中国[40]网站，其运营模式是基于人工智能进行大规模比对，代表原作者对于商业领域网络侵权行为进行维权。这种模式在市场中引起了很多争议。视觉中国是全球最大的数字版权内容交易平台之一，出于商业用途使用未经授权的著作权，就是侵犯了原作者的利益，作为版权代理方，视觉中国有理由来进行申诉维权。在本书中，我们不去讨论庭外和解等具体的操作细节。但有一点是值得思考，一旦中国社会建立完整的知识产权保护链条，这对于中国市场是一种加分还是一种减分？

在欧洲，我在演讲的时候，就谈到了中国知识产权保护的演进进程，并举了视觉中国的例子。据我观察，杭州也有一家公司，通过自然语言处理和人工智能算法系统，对于中国已出版刊物、书籍及论文进行系统比对，一旦发行侵权行为，就会向杭州铁路运输法院提起申诉，要求侵权方进行民事赔偿。该法院已经在全国范围内进行了多起文字知识产权领域的维权行为。

欧洲一些年轻的企业家和政界人士在听了我的叙述之后，感到很惊讶，这和他们理解的中国人对于知识产权的态度是完全不同的。我告诉他们，现在随着互联网在中国的发展，企业进行知识产权维护的成本已经大大降低，中国维权代理人已经到了有利可图的地步。那么接下来，原创者对于权益的需求就会增强，每一个知识产权的拥有主体都可以建立类似于版权收费的"高通模式"。

我认为中国知识产权领域的维权模式是由需求驱动的，如果权利拥有者开始有了这种需求，那么按照市场中很流行的一句话——社会需求对于科技进步的作用要超过十所大学，维权能够带来利益，中国人知识产权的追溯环境就会发生根本的改观。

作为立法机构和政府，对于知识产权维权过程中的个别案例需要进行干预，避免出现极端行为。狼群和鹿群之间的生态效应还是需要进行维系的。正如金融市场的做空者一样，其实他们也是市场中一种必要存在的物种，对于市场中一些存在系统性问题的金融机构进行攻击，是市场中的合理行为。

视觉中国联合创始人兼总编辑柴继军认为，对于知识产权的追溯维权行为，在中国至少能够获得八成以上人的认可。视觉中国和其他进行知识产权运营和维权的企业的存在，在客观上将能够规范国内商业领域的侵权行为。在柴继军看来，中国未来的知识产权环境是乐观的。随着中国在技术领域由追赶型时代即将进入并跑时代甚至领跑时代，知识产权的全球维权需求就会出现爆发式的增长。视觉中国是一家全球性的版权运营机构，和全球超过 200 家知名版权机构都建立了合作，包括路透社、BBC 等。另外，视觉中国和约 30 万签约供稿人建立了合作关系，我们看到很多自由摄影师和插画家能够独立拥有一种生活方式，都是基于这些专业作者只需要做好自己的作品，就能够持续获得版权收益。从一个新的视角来看，视觉中国实际上就是他们职业的赋能者，这种个体赋能的方式就是让他们创造出更多的知识资产。

在 5G 时代，用人工智能进行知识产权维护将成为一种常态。维护的目的肯定是为了更好的构建。预计在中国未来十年，整个知识产权环境将会跨越西方几百年的发展进程，进入一个人工智能驱动的保护体系。原创知识产权将成为一个重要的资产项目，拥有知识产权就有了进入市场和其他实体资源进行融合的机会。

大文创产业曲线模型创立者、中国著名制作人、导演周文军先生说："5G 时代到来之后，我们将看到著作权经济的兴起，整个文旅产业的规模可能涉及数十万亿的产业机会，而文创和文旅产业的核心就是知识产权的确权，一旦好的文化作品提供了一个全方位的孵化通道，其产生的衍生价值是巨大的。这些作品和数字媒体进行深度融合，产生基于融媒体的传播渠道，这些都能够给原作者带来收益，并且是巨大的收益。"周文军认为，要正确看待资本价值的历史：温饱经济以前，吃饭就是追求的全部价值，不产生资本结构；温饱解决之后，人们就需要生活得再体面一点，很多非必需的工业产品就成了生活追求。而一旦进入富足社会，人们的精神需求就成了主导性的需求。精神需求是文化产业引领的，在今天，不能提供精神需求的产品制造商是不可想象的。

随着工业的兴起，农业的地位被削弱。对农业产品的需要，处于次要或相对不重要的位置。食品消费占比越少，说明经济越好，"恩格尔系数"在总消费额中占比越低，大家就越开心。农业的规模并没有缩小，只是工业资产和资本价值对其进行了超越。

5G 时代到来，工业产业还将继续发展，但是数字资产一定会出现爆发式的增长，对财富本身的认定也在不断变迁。未来大趋势中，一个肯定性的事实是：随着文化经济和数字经济的发展，实体产品在人们的消费中的占比也会越来越低，精神产品和文化消费在整个消费结构中的占比越来越大。

5G 和区块链技术的集成应用,将为知识产权的发展提供一个更加友好的环境。在全球范围内，人们对于数字货币的价值认知还处于极大的争议当中，这些问题在短期内是不可能找到答案的，只能留给下一代人去解决。

抛开数字货币，我们谈谈智能合约，也就是新的数字资产如何确权、使用和增值的问题。这些问题解决了，就能够推动数字资产大爆发式的增长。下一代人的财富结构和这一代的财富结构就会有很大的差异了。

未来几代人的财富构成形式，可能在数字资产领域，这些基于数据结构的新资产，将成为主导型的资产。这不是奇怪的事情，现在主流的投资人已经将大数据视作主要的财富形式了，否则全球互联网公司的市值就不会被他们推得这么高。

谁收集数据，谁就是数据的主人，前期的互联网公司具备巨大的先发优势，但从此情况可能不同了。在未来即将落地的 5G 时代，一家消费品公司在导入流程化服务之后，也会有大量的数据被收集起来。但这是私有云，是企业数据，企业数据和战略运营商之间会有一个数据资产的权属问题。小的私有云并入大的公有云当中，这种复杂的产权关系，对于传统的财务管理机制是一个挑战。

智能合约算法体系在应用当中，涉及巨大的算力损耗和带宽限制，想要达到传统金融体系的以秒速展开业务的方式，还需要依赖于未来几年的技术进步。

高晓松是文创方面的专家，对于未来智能合约模式和 5G 的结合，他提出了自己的观点。他认为未来对于内容创业者来说，是“满地碎银子”的时代，即涉及巨大入口的极微小的支付金额都能够被收集起来，形成完整的收入。而现在的支付系统显然还不能够完成这种类型的收入。一首好歌有十亿人在欣赏传唱，理论上这首歌的基础知识产权产生的收益足够一个人实现财务自由，而按照现在的稿费机制，作者只能拿到三五百元。内容创业者由于缺少一种“去信任化”的可以追溯的智能合约系统，这些理想都是不能够实现的。高晓松认为，全球范围内，关于数据资产服务和知识服务的定价机制，目前能够找到的比较理想的解决方案就是智能合约。

关于在数字时代数字资产的大爆炸式增长的问题，我和欧洲人、中国人交流，觉得中国人在这项领域的认知能力要好于欧洲人。原因可能就是中国这些巨型互联网公司的存在起到了启蒙的作用，为社会提供了大量免费的观念产品。

上一代人对于数字资产概念是无感的。但是在未来数十年当中，数字资产领域的金融将会极度膨胀。毕竟，从短缺经济走过来的人更加相信实体资产，他们很难理解一个资深的网络游戏者能够花费数万、数十万的钱去购买虚拟装备。上一代人的弱需求，随着市场机制的变迁，就会转化为强需求。

而“虚拟装备”这个词汇，在 5G 到来之后，将会越来越多地使用在各行各业。这些“埋”在云端的数据结构性工具，用户能够随时使用，而不必再拥有实体设备。尤其是在数据处理领域，这些服务在未来都是一种普遍的主流服务形态。在数字资产领域，中国如果率先普及 5G，那么在一些行业的虚拟装备和工具领域就有了引领全球的新机遇。

中国人不善创新其实是一个十足的伪命题。早期创新疲弱的原因主要在于市场容纳不了创新成果，或者说创新不能获得合理的回报，但是当市场机制对于创新十分友好，并且这些技术创新者和内容创新者都能够在其中获得更加持久的利益的时候，中国创新的时代也就真正到来了。

3. 5G=商业×科技×创意质量

中国科幻作家王晋康[41]先生在其短篇科幻小说《三色世界》中，描述了人类在语言沟通工具方面的局限性，他借着小说中的角色“江志丽”说出了自己认为人类在信息沟通领域的低效。他说：“人们通常只把语言当成是一种交流方式，而不是智力结构的有机部分。人类已经把语言发展得尽善尽美，实际上这种满足是十分浅薄的。这种智能的连接是十分低效的。”

对于文字语言的局限性，其实所有人都是有感触的。语言传达过程，特别是多层次的传达过程，是一种信息熵不断升高的过程，信息的本真是不断衰减的，人类的沟通效率到目前为止还有巨大的提升空间。语言产生于七千年到一万年之前，仅能够适应一些简单的表达。语音描述的方式是线性的，每次沟通损失的信息很大。人类推进创新，一个重要的途径就是寻找革命性的沟通方式。

5G在人类社会中，能够引起一场革命，恰恰在于它能够改变人与人之间的沟通质量，让沟通质量有一个质的提升。5G带来视觉语言沟通革命，编码语言变成一种辅助性的语言沟通模式，在复杂的沟通系统中，视觉语言的沟通将占据绝对的主导地位。借助 5G 技术，人们可以成功地从读图时代飞跃到三维空间语言时代。

对于人类而言，需要一种对于自然语言的升级，这是智能时代和知识大爆炸时代的必然要求，依然拿着上万年的老工具是无法解决新问题的。

王晋康在书中说："你头脑中会即时产生一个清晰完整的图像，但你怎么能够把这个图像完整地搬到另一个人的脑袋中？无论你的语言表达能力多么出色，那也是绝不可能的事情。"王晋康在 30 年前思考的方案是建立一种"新的高效的外结构"，借助新的工具来解决人类沟通效率的低效问题。今天，这个问题已经大部分被解决了，VR、AR、MR 这些已经出现并逐步走向成熟的工具，能够将人类的思维表达做一个更高层次的释放。这些工具带来的基于三维空间的新语言系统，可能就是人类历史上一种新的飞跃。

华夏智库首席架构师邱伟先生说："语言表达是对现实世界某个场景的信息压缩编码，每一个读书者都是解码人，在解码过程中，对于信息，会有无数种不同的曲解，这种曲解在企业和各种场景的沟通过程中会产生误解。人类的很多文化冲突甚至战争，都是因为编码语言的局限性造成了认知偏差。"

人类真正的文明革命其实就是语言革命，如果更为接近本质地去理解 5G，我觉得 5G 的革命性就在这里。人类史上的每一次传媒革命的下一波变革都是社会革命。邱伟说："人类在进入平面媒体时代之后，进入到'语言+读图时代'，平面的图像能够表达不同事物之间的结构关系，比如拓扑结构的表达，如果不借助于图像的表达，那么就很难被理解。理解语言史，人类的语言本身就是一种数学编码技术。文科的底基其实还是数学，数学算法支撑未来复杂系统沟通全面视觉化的趋势。"

语言涉及人在超级智能机器面前的尊严问题，机器算法对于绝大多数人来说，已经类似于“天书”。人类将面临越来越复杂的技术系统。大宇航、大飞机有百万个零部件，人类面对复杂系统的掌控能力在下降。其实人类早就期待一场沟通革命了，只是技术一直在发展，但并没有达到成熟的地步。5G 创造了这种可能性，我们已经迎来了 5G 元年，所有的有着乐观态度的观察者都在期待一场革命。

北京理工大学信息与电子学部主任王涌天教授说过一句话：“在眼前呈现复杂系统，对于人类的沟通方式来说，是一次飞跃。”专业不再是横亘在专业人和专业人之间的墙，而是一种跨界的新机会。

我在本书里总结了一个公式，目的就是为了使大家能够更好地理解未来需要什么样的创新元素。这个公式是为了说明人类在 5G 时代到来之后，如何面对知识创新的问题，以及在创新过程中如何把握结构性的权重。这个公式就是：5G=商业×科技×创意质量。

如何解释这个公式呢？这个公式主要是讲解5G时代的知识创新效能的。人类的进步在本质上是知识和信息结构认知模式的进步。经济学界普遍认同一个结论：技术进步是推动商业进步的根本动力。商业的本质就是解决需求的问题，而创意的本质就是解决使用知识的问题，将技术和商业转化为需求靠的就是一种与众不同的想法。在这个共识中，技术和商业的发展是线性的，但创意驱动的模式是指数式的。

创意的本质就是创造一种新的结构体，这种结构体不是在编码知识里就是在编码信息里。在 5G 时代，我们的产品可能都是在虚拟空间里首先呈现出来，这种呈现的模式需要人脑来构建，人工智能也能够构建这种虚拟产品。但是想要提供更好的可体验性，就需要集中到如何进行创意。5G 时代在更深层面上的价值主要来自于创意，智能制造和工业互联网变成一种高效的实现创意的超级工具。我相信未来的发展，一定还是基于人的发展。

智能制造的特点是让人的工作更加智能，比如无人工厂就是一种智能制造，让人在 AR 辅助之下将事情做得更好也是一种智能制造。AR 对于大型自动化制造工厂、对于复杂设备的维护者是一种福音，意味着他们可以大大降低劳动强度。一切流程数据化的结果，是能够预防生产线发生故障，能够保证系统的运营。工程师能够借助 AR 实时监控环境中的温度和其他的参数变化，一旦机器局部出现异常性的温度显示，就能够觉察出来，而这种觉察能力，之前需要更好的技工来实现，现在普通产业工人也能够在知识辅助之下完成这些事情。

工业 AR 往往跟深度专业知识相关。解决世界的发展问题，本质就在我们的新语言之中。如果我们将增强现实和实时教育看成是一种飞跃，那么使各行各业实现增强现实、对于员工进行知行合一的实时教育的工程量有多大?这可能是一个前所未有的巨型工程。

邱伟说："工业 4.0 得从工业 AR 开始，首先赋能于人，人在知识融合的基础上找到更优的解决方案。在导入人类创意的时候，其实也是导入了人在智能时代的一种尊严。因为创意能够证明人是有价值的。"

任正非在接受法国《观点》杂志采访的时候说了一句话："5G 应用以后你就知道，将来美国可能是落后国家。"用上面的这个公式去套用 5G 价值的时候，我们也许能够理解任正非所说的并非是一个简单的结论。

4. 科技是第一生产力，文创是第二生产力

阿里巴巴集团创始人马云在一次演讲中曾经讲过一段很多人都已经听过的话："现在的孩子，如果还在按部就班地接受传统的学校教育，不学习音乐、绘画和其他艺术类的知识，我想，30 年之后，这些孩子将找不到工作。"我们在这里并不是要讨论 5G 时代的艺术，而是想要表明一个警示，也就是马云所警示的那样：我们在学好数、理、化的同时，必须具备足够强的审美能力。

数码艺术（CGart）[42]是在 20 世纪 70 年代发展出来的一种和计算机结合的先锋艺术。艺术家是观念领域的先行者，他们的每一部作品都在指向社会中的某一种思潮，或者是指向一个近期和远期的未来。

在英国这个人类"第一次工业革命"的发生地，学习艺术仍然带有一定的贵族性，因为学习艺术需要昂贵的花销，一般家庭无法培养出一个艺术人才。所以需要一流的智力者来发展艺术，为全社会提供艺术作品，艺术作品本身又是一个思想产品，为社会进步提供一种观念通道。艺术的实验性和体

验性，曾经是一种引领性的语言系统，让欣赏者能够打开一种思维通道，在自己的事业中融入艺术思维，从而更好地创造价值。

高智者能够完成一些理论的突破，高技能者能够完成一些实践和工程的突破。这种接力行为在 5G 时代依然不会改变。这个社会的发展模式，就是让高智者和高技能者赢得未来。微软中国首席技术官韦青先生说："人工智能技术的发展，可能使九成以上的人都会变成无用阶层，但是人类真的就任由自己被超级人工智能扔到一边吗？推动中国人对于科技和艺术的思想观念变革，这件事情到现在也没有完成，我们这代人需要思考如何做下一代人的肥料，为下一代人的成长打根基。我们技术人的使命是，让人工智能为大多数人服务，我们在实验室里开发出简单的产品，就是让普通人能够自己组合，拥有自己的智能控制框架。我们要扮演一种角色，在智能领域，变成向大众盗火种的人，只有大众都在使用人工智能为自己创造价值的时候，社会价值也就释放出来了。"

让高高在上的 5G 技术成为大众每一个人的赋能工具，没有一种技术应用能够比促进人类的生存和发展更有价值。"无用阶层"的定义，只会加速社会的焦虑感，5G 需要带来新的学习工具，使人类通过快速学习，迅速成为"人+人工智能"的新人类，和机器一起进行协同式创造。

早期的数码艺术类的探索，只是一种思想性的实验，而在即将到来的 5G 时代，数码科学和艺术将会得到完美的融合。技术因素是根本的驱动因素，5G 设施到达任何一个人的时候，其实一种新的创造才真正开始。

我们所说的数码艺术将是每一个个体和每一个企业必然要去构建的新资产。4G 时代，通信带宽是一个水管，到了 5G 和 5G 后时代，通信带宽就是一条江河。在其中，内容创造将成为财富的主要创造模式。科技是第一生产力，文创是第二生产力。

在尤瓦尔·赫拉利的著作《未来简史》之中，介绍了三种人类的终结性追求：幸福快乐、追求永生和化身为神。永生和成为神的进程很久远，人类更多的奋斗是为了解决娱乐和快乐幸福的问题，为有限的人生创造更多的更精彩的体验，就是人类的主要需求。

在5G时代，所有人类历史上积累在平面媒体中的知识都需要一种新的表达结构，这种商业需求让所有人都会变成数码文创人。

有这样一家教育机构，在进行文创变革时，需要面对全世界的用户，而这些教育的产品终端进化到VR和AR体系。这家教育机构需要进行大量的数码建模活动，在云中建立虚拟教室，以求让受教育者能够接近达到和完全达到现场的体验。万里之外的老师如在眼前，互动起来也毫不费力，学生和老师都能够相互看到和感到对方的情绪状态和微动作微表情。虚拟教室在讲述历史的时候，会呈现最大限度还原的历史场景，将所有的历史发现变成一张视觉之网，进行无限的创意和假想性延伸。所有的知识都在虚拟世界中建立超越现实和客观世界的体验。

这种超越现实世界的知识体验，是基于一种文创思维。在虚拟场景中构建一个大唐的长安城，这里已经将所有的人文因素和技术因素都包括了，里面可以看到大唐时代的建筑艺术，学习者能够瞬间了解建筑的结构，理解这种建筑工程的技术特质。也可以走在街上，去体验盛唐时期“万国来朝”的繁华。

这些都是资产，几乎所有的知识分类都会变成这些数字资产，而某一个小企业中的几个人就垄断了这种视觉资产。基于智能合约的收费系统，能够将这些数字资产变成一种虚拟的收费站。因为这种创造是独一无二的，几个人的构建，就形成了全人类可以共同体验的数字资产。

人类在数字世界中的构建，除了过去还有未来，这些构建除了依赖基础的技术之外，大量的创造来自于人的想象力。文创的本质就是基于想象力，而且伟大的创意往往来自于个体的思维空间里的结晶。拥有一流想象力的人，在 5G 时代将会获得一个好位置。未来的大学文凭可能不再是维系中产阶层的保证，但是拥有想象力和虚拟世界构建能力的人能够成为下一个时代的价值创造者。

回到技术领域，任何通信设备，都可以被理解为一种专门为通信而生的计算机系统。这种技术理解的视角，这种专用的设计，使得人们在使用装备的时候具备高可靠性。5G 和人工智能的结合，能够大大加速人类实现自己目标的能力。在 5G 时代，可以根据某些具体的专业需求发展出更加专业化的工具，比如在建立虚拟场景中的某一种数码引擎等。

人工智能在辅助人类创造的过程中，将非常善于完成目标，这在效率领域是有价值的，更少的人力和人工智能结合，可以做更加巨大的数字计算工程。在 5G 文创融合领域，数学家和人工智能专家、算法软件专家可以为各种应用打造专用的引擎。这是为了解决行业问题而专门制造的建模引擎和算法系统。因为在工业技术领域，每一个行业中的每一个专业，都有其专业的知识，而这些专业知识都需要在数字世界中建立物象。这是很多产业专家和 AR 专家的机会。

AR 是人类沟通技术的集大成者。符号文字和图像等二维表达能够借助 AR 来呈现，关键是在三维空间、甚至虚拟的思维空间里，全面模拟现实世界。这使得人类的沟通方式从二维过渡到三维甚至四维。AR 向下兼容所有的沟通技术，也能够面向未来几千年，提供新的完整的沟通方案。物联网的本质，不但在现实世界中有一个万物智能的物品群存在，在线上的空间里也有一个虚拟的物联网存在。大部分企业无力进行深度构建，它们需要一个面向专业商业领域的数字建模引擎。

过去的制造就是制造，现在我们将面临工业体验经济的崛起。人类总体上是由好奇心驱动的，人们总是希望能够体验更多别人的生活。那些传统的手工业可以变成体验经济，第一代的工业织布机也可以变成体验经济。5G 可以帮助传统遗产坚守者建立自己独特品牌的通道。

著名作家孙璞（笔名“木心”）在互联网上对于现代人提出一句有震撼力的话：“没有审美力是绝症，知识也解救不了。”文创创意的本质是构建在切实的审美力基础上的，未来企业之间的竞争点也主要集中在这里。

审美教育和审美训练，将成为新的学习内容。今后，任何岗位不仅是工作能力的竞争，更是情感智商和审美共情能力的竞争。美不仅让生活更美好，也会让个体更加具备竞争力。对于智能社会而言，所有的标准技术和制造都需要交给智能机器，但是所有的美好体验更加依赖于人。

人类在通用智能领域是毋庸置疑的王者，这是人类的自信所在。在通用智能领域，机器智能在某个专项领域超越人类是很正常的事情。但是在创造体验和情感领域，这是机器难以超越的。人始终是机器智能的驾驭者，再好的人工智能，都是一种工具。

5. 行业赋能驱动力：各自寻找自己的解决之道

如果说在5G领域有一种自上而下的驱动力，那么在众多的中小企业中，还有一种自下而上的驱动力。能否获得驱动力，关键在于能否寻找到自己的解决之道。

在电影《功夫》里，有一种从天而降的掌法——如来神掌，能够借助巨大的势能打击对手。其实在 5G 的生态布局中，三大运营商及华为、阿里巴巴、腾讯等企业都是凭借自己已经积累的巨大资源，在进行战略聚焦之后，瞄准国内一些应用行业，将国家的战略产业首先用于实现工业 4.0 的构想，从而在构架智能社会的进程中，先行一步。

在战略产业的 5G 应用模式中，我们能够看到在方法论层面上，5G 和高铁项目的实施过程是一样的。因为中国在全世界首先进行高铁应用，所以在应用的过程中也就遇到了几乎能够遇到的所有困难，当这种困难全部被中国人解决了，中国高铁实际上也就成了全球性的标准。中国三大运营商和互联网公司的战略组合，在华为、中兴这些战略技术系统服务商的支撑之下，能够在一个又一个战略行业中形成中国的行业 5G 标准，大规模的应用必然保证大规模的应用技术积累。

现代社会有很多行业，中国拥有全世界国家中最为完整的工业产业链的配套能力。这种配套能力对于 5G 时代的到来，是天然友好的发展环境。因为 5G 在落地的时候，可能需要面对两千多个不同的垂直场景性应用，大企业所关注并且投入巨额资金进行解决的问题，几乎都集中在影响国计民生的主要战略领域。

克里斯·安德森（Chris Anderson）的图书《长尾理论》在引入中国的时候，中国还处于互联网数字经济的早期。作者对于数字经济和电子商务模式进行了一种“二分法”分析：头部经济和长尾需求形成的完整市场。尽管这本书这么多年来在国内褒贬不一，但是作为一种思维模型，已经深入人心，即使反对它的人，也会使用这种思维模型。

如果说我们用“长尾理论”这种思维模型来判断，在全世界范围内，那些耳熟能详的大企业都在布局头部资源，将资源聚焦于一些战略行业中；对于很多中小行业则关注不够。头部的战略行业都是“中心化”的，而尾部的中小企业几乎都是“去中心化”的一种生态。这种生态是一种自下而上的 5G 行业应用模型，完全可以找到适合自己的应用方案。

历史又发展到了一个转折点，由于 5G 应用首先会偏向于大企业，工业互联网和物联网之间的柔性智能系统之间的连接体，缺少通用的产业互联网方案，即使主流的方案，也需要经过大量的工程性试错，才能够获得成熟的解决方案。

在互联网发展的早期，我们提出“数字鸿沟”的概念，认为企业将分成“此岸”和“彼岸”，事实上，一个普通企业向互联网企业转型的过程中，会产生属于自己的应对策略。经济学者姚景源先生对于 5G 的早期应用理解很好，他说：“5G 时代有高达 80%的应用场景都是对工业和企业的。”

其实，从中国整个经济的基本面来看待 5G 和工业互联网的机会，可能工业互联网领域的机会会非常多，每一个行业中都会有一些龙头型的企业，在产业链上居于组织者的地位，它们能够在资源相对充裕的情况下进行智能化升级。姚景源先生说 5G 大部分应用都是企业的事情，供给侧的升级并不是市场的全面升级行为。他也同时提醒人们要注意一个问题，就是中国经济面临有效需求不足的问题。生产和消费是一个整体，中国生产和全球消费这种对接，在过去几十年是灵验的，现在我们也将面对反全球化的思潮，面临一些国家在市场准入方面的限制。即便市场开放，世界市场也面临着一个需求不足的问题。换句话说，如果不能够解决大部分人购买力的问题，从供给侧进行 5G 升级的价值就会大打折扣。

在 5G 时代，产业生态依然没有改变，在全球范围内，如果没有中小企业的崛起，没有给普通创造者赋能，只赋能给大企业，供给侧发展的结果只会造成更多的过剩。

中小企业的价值其实是社会的稳定器。中小企业是实施“大众创业、万众创新”的重要载体，在增加就业，促进经济增长、科技创新与社会和谐稳定等方面具有不可替代的作用，对国民经济和社会发展具有重要的战略意义。根据统计数字，全球主要国家的经济结构中，60%～70%的就业是由中小企业提供的。在中国，民营企业提供了将近 80%的就业岗位。这意味着一个问题：在中小企业中工作的人如果没有资产项收入，那么社会整体消费经济就会萎靡，整个社会就会失去活力。

由于大企业具备在市场中的议价能力，所以它们能够积聚 45%左右的社会财富，在资本领域收益也会远远高于一些中小企业。所以保持中小企业的发展是明智的策略。在 5G 时代继续鼓励创业，这是全球市场都需要提倡的价值观，创办企业其实就是对社会做贡献。

5G时代，中国在中小企业领域的进步与否，其实影响未来数十年的发展。这是未来，我们只能够探讨可能性。

管理学家彼得·德鲁克对于人口结构和中小企业管理者的关注，贯穿了其所有的著作之中。他认为，中小企业发展得好，能够带来社会的普遍富足。少数大企业带来的“寡头经济”不能带来这样相对公平的价值系统。

众多小企业在资产项方面的努力，使得它们在收入水平上有了超越大公司的可能性。这是我们要探讨的问题。5G和人工智能的结合，实际上是为中小企业赋能，未来社会的资产形式，主要是信息资产和知识资产，这为中小企业的崛起提供了一些新的选择。

中小企业需要在5G世界里走出自己的一条路来，“小企业，大资产”模式在5G时代是行得通的。在垂直专业领域，存在着专业知识“竖井”，也存在着用户的精准数据，大公司并不拥有这些数据，也没有垂直领域产业链的知识。在这个领域，仅中国就可以诞生并发展出数千家人工智能企业。它们能够促进一大批产业进入人工智能时代，能够为同业和异业提供服务，从而推动中国智能社会的多物种群落的形成。

通过这样的方式，一个经济体就能够保持足够的多样性。美国在产业经济领域的一些政策原则是对的，在反垄断领域确实做了很多的事情，能够保证一些创新的中小企业在市场中发展起来。

在智能社会的数字物种之中，我们需要保持一种多样性，以获得整个经济体的“多样性红利”。在探索5G和人工智能结合的道路上，中小企业需要寻找一条企业可以负担的、实现产业数据和用户数据聚合的路径，这样，才是一种比较好的面对未来的参与方式。5G本身的价值，就是以更低的成本和更简单的方式采集数据，从而催生更多的商业应用。

中国中小企业数量为 4 000 多万家，5G 能够为众多的产业赋能。振兴中小企业，实际上就是振兴中国的内需市场。这种振兴，让中国大部分人都能够拥有可以流通的资产，而不仅仅局限于工资性收入。而这数亿劳动者拥有财产性收入，就需要建立属于自己的“知识资产包”。

5G 推动中小企业建立自己的数据网络，并能够建立自己的专业知识云，在某种程度上来说，这些专业知识云就是一种战略资产，使得企业具备对用户持续进行知识服务的能力。每一个企业都是知识和技术不断积累的绿洲，这种企业能够和大企业一样具备价值创造能力，因此要充分利用 5G 时代巨大的数据产出，重构自己的业务系统，各自寻找自己的解决之道。

第六章　人机协同和创新革命

终极视觉革命：在眼前呈现一个逼近真实的人和世界

脑机：人脑和人工智能的融合趋势

超越 PC，超越手机

垂直应用终端崛起

1. 终极视觉革命：在眼前呈现一个逼近真实的人和世界

电影《阿凡达》中让人印象最为深刻的技术系统就是远程人机协同系统，一个能够在远程获得场景中全部信息的生化人，被设计出来投入到外星部族当中，操纵者在后方基地能够完美地接收到生化人所获得的全部感知能力。

电影《阿凡达》所表达的技术理想，在 5G 时代能够被部分地实现了。人类正在研发新技术，将虚拟现实技术中的视觉分辨率提高到超出人眼分辨率的水平。而接下来的几十年到几百年的时间，人类也将把听觉、味觉和触觉推进到一个新的水平。未来，一个人在家中能够体验上天入地，这种“视觉革命”或者叫“知觉革命”的时代，其实正在悄悄地到来。

VR 是英文 Virtual Reality 的缩写，翻译过来叫作“虚拟现实”，它允许用户体验模拟环境并与之交互。利用 VR 头盔将人对外部环境的视觉以及听觉代入到虚拟世界中，给人更强的沉浸感，从而产生一种置身于虚拟世界中的感觉。简单地说，就是将用户代入虚拟世界中了，所听所见的东西都是由计算机生成的，都是虚拟的。

AR 是英文 Augmented Reality 的缩写，翻译过来叫作“增强现实”。增强现实技术是一种将真实世界信息和虚拟世界信息进行“无缝”集成的新技术。简单来说，就是通过计算机系统提供的信息增加用户对现实世界感知的技术，将虚拟的信息应用到真实世界，并将计算机生成的虚拟物体、场景或系统提示信息叠加到真实场景中，从而实现对现实的增强。比如我们到科技馆，就可以看到通过 AR 技术将新闻、视频、天气投射到真实的模型中，进而可以与参观者更好地实现互动。AR 还可以辅助 3D 建模、模拟游戏等。

MR 是英文 Mixed Reality 的缩写，翻译过来叫作“混合现实”。MR 可以看成是前面提到的 VR 和 AR 的结合，将虚拟现实和增强现实完美地结合起来，提供一个新的可视化环境。根据“世界可穿戴之父”Steve Mann 的理论，智能硬件最后都会从 AR 技术逐步向 MR 技术过渡。

在 AR 中，我们能很容易地分清楚哪些是真的，哪些是虚拟的，但在 MR 可视化环境中，物理实体和数字对象形成类似于全息影像的效果，可以与人进行一些互动，虚实融合在一起，让你有时候根本分不清真假。为了解决视角和清晰度问题，新型的 MR 技术将会投入到更丰富的载体中，除了眼镜、投影仪外，目前有许多研发团队正在考虑用头盔、镜子、透明设备做载体的可能性。MR 技术目前在市场上还没有推广普及的产品，提出这个概念的神奇飞跃（Magic Leap）公司目前正在研发该项技术。

VR、AR 和 MR 三者在技术上是同源的，都是对于人类视觉领域前沿技术和计算机技术的挑战。目前的显示技术正在从 4K 屏转向 8K 屏，未来十年，将会出现实用化的 16K 屏技术。但现在的移动领域的计算技术还跟不上，所以市场中出现的虚拟现实产品，都是一种对现有技术的妥协和平衡，从某种程度上来说，只是满足一些先锋消费者的“尝鲜”而已。

在产业革命的历史中我们看到，发展起来的经济体从来都是技术生态的胜利而不是单项技术的领先。在视觉领域也是一样的，5G 时代的解决方案，能够为 VR、AR 和 MR 提供一个标准的技术助推。通过云计算而不是移动设备本身的算力，也就是说，运用 5G 时代足够的带宽和低延时优势，本机硬件将变得更加轻便，体验更好。5G 在推进视觉显示革命的这场全球竞赛之中，无疑是个“催生婆”的角色。

华为轮值总裁徐直军说，目前在 5G 领域还没有杀手级的应用。5G 领域的基础设施，一个是无处不在的基站，还有一个是庞大的云计算和云服务市场，二者都是千亿级的投入。按照现在市场应用的价值排序，VR、AR 和 MR 最有可能是第一个主要应用。

VR、AR 和 MR 这几项技术是递增性的，目前除了大家熟悉的游戏领域外，VR、AR、MR 还将在很多行业得到运用。随着这类技术的进一步发展，其必将更多地融入我们的现实生活。

据国际数据中心（IDC）称，AR 和 VR 的产品与服务在 2018 年价值 270 亿美元，比 2017 年增加约 90%。从广义上讲，到 2022 年，AR 和 VR 的企业市场价值约为 560 亿美元，而消费者市场价值可能为 530 亿美元。

虚拟现实最大的应用就是远程协同，完成人机之间的协同和机器之间的协同，在很多工业领域和高端服务业当中，将是一种重要的基础技术。现在，我们已经看到的战场无人机技术，就是一种远程操纵技术，飞行员不需要直接在飞机上，而是通过类似于 5G 网络这种超级带宽和超低延时的网络连接技术，在远程发现敌情，并决定发起精确打击。这种技术战争将变成一种不损失人员的新战争形态。

远程医疗技术和操纵无人机看似两个不相干的技术形态，但在整个技术基础上，二者的底层技术是有巨大关联性的。医生在地球的另一边，也可以远程精确地操纵医疗机器人对病人进行手术，增强视觉技术能够同时在眼前显示几个高清放大的图像，以显示病人病灶部位的情况。地球这一边的医生和地球那一边手术现场的医生进行语言沟通毫无障碍。远程人机协同对于医疗领域是一场革命。

从远景和医学伦理[43]来看，基于云计算的云手术系统未来也将进入临床。这需要大量的医疗案例的实践数据的积累。医生需要守在病人的身边，这不是出于医疗技术的必要，而更多是出于医疗伦理的需要。每一台新的手术都是为云计算积累数据资产，而这些拥有医疗数据资产的公司将是市值最高的企业。

除了游戏、军事、医疗行业之外，目前受 AR 影响较大的行业还有汽车、农业、建筑、教育培训，以及广告、购物等领域。

平视显示器（HUD）是市场上 AR 的首批部署之一。HUD 现在的装饰主要来自宝马、沃尔沃、雪佛兰、雷克萨斯等众多车型。还有一个蓬勃发展的售后市场提供 HUD，与汽车的 OBD-II（一种汽车接口标准）端口连接，以显示重要信息，如速度和汽油里程，而无须司机将他们的视线从路上移开。

消费侧的改革依赖于信息技术的进步。VR 和 AR 技术能够直接提供一种体验，比如消费者在虚拟空间里可以驱动一台拔草的机器人，在田垄间去除杂草，并为这种体验付费。这种体验可以理解为一种深度的带有情感的营销广告模式，消费者在家里远程操纵一台机器人，完成一个农民夏日锄草的体验，这种深度传播模式改变了人对于土地耕作的理解。

AR 最大的部署之一就是广告，并且有很多应用程序。2018 年 4 月，脸书（Facebook）开始让开发人员构建包含位置触发元素的 AR 应用程序。脸书在电影《头号玩家》(*Ready Player One*）的促销活动中测试了这个应用程序。

谷歌也采取了类似举措。谷歌早前已经为一系列的产品带来了 AR 功能，并且升级了开发者平台 ARCore，以便创作者能够构建更具沉浸感的体验。2019 年 6 月，谷歌正式推出 AR 广告解决方案、YouTube AR 美妆，用户将能虚拟地尝试 YouTuber 介绍的化妆产品，预览效果，并且获取建议等。

可能不久我们走过的每家餐馆和商店都会触发浮动广告牌或促销活动。走在街上，每家店的打折信息和诱人的画面就在眼前跳跃，走过这家店，画面就自动消失。这其实是未来逛街的一种新体验。这种体验也是一种人机协同形式，店家的计算机和人的移动 AR 系统完成了连接，瞬间提取一个人公开的大数据，向人提供精确的需求信息，这看似一件不起眼的小事，却需要巨大的云计算系统进行支撑。

在建筑业中，AR 和 VR 正在通过各种应用程序帮助改变建筑的流程和施工管理，这些应用程序允许项目经理跟踪进度和建筑商。另外，房产销售行业在很大程度上依赖客户在新环境中看到的画面，而 AR 和 VR 技术能满足这种需求。

VR 也正成为医疗保健领域有效的教学工具。例如，学生现在可以观看 VR 手术并解剖 VR 尸体。医疗保健也为 AR 采用做准备，正是因为它需要个人通过可用信息即时做出重要决策。

到 2022 年，企业虚拟现实培训市场的价值可能超过 60 亿美元。现在许多高风险领域，如石油和天然气以及其他公用事业和重工业，工人利用 VR 操作，受伤的风险或代价高昂的错误要少得。

增强现实也正在企业培训中引起轰动，特别是在技术培训领域。霍尼韦尔最近宣布了一种混合现实仿真工具，用于使用微软的 HoloLens 对其员工进行培训。

2. 脑机：人脑和人工智能的融合趋势

推动各种技术系统实现大融合是 5G 降临人间的使命。人类有两大最具好奇心的谜团：宇宙及宇宙之外到底是什么？这是宇宙之谜。而另外一个谜团就是我们的大脑，人类的意识是什么？大脑里的秘密到底有多少？这是大脑之谜。但这两个谜团，人类在短期内不可能能够寻找到答案。

大脑被人类称为“小宇宙”。曾抱怨传统教育方式带宽太窄的特斯拉汽车公司和太空探索技术公司创始人埃隆·马斯克有一个重要的探索领域，就是如何加强一个人的“学习带宽”。研究人脑如何进行直接信息输入的问题，其目的就让人脑在部分领域能够提升信息输入的速度。

2019 年 7 月，埃隆·马斯克旗下的神经科学公司神经连接器（Neuralink）宣布了成立以来的一项重要成果——一个可扩展的高带宽脑机接口（Brain-Computer Interface，缩写为 BCI）系统。该系统由一个类似缝纫机的机器人和一些粗细只有 4 微米至 6 微米、比人类头发丝还细的线路组成。Neuralink 的目标是在瘫痪患者体内中植入脑机接口设备，使他们能够用大脑控制手机或计算机。他声称，这套装置将是对当前技术水平的重大改进。这个设备与大脑连接的电极数量是 FDA 批准的、用于帕金森氏病患者装置的 1 000 倍。他希望，未来，植入脑机接口芯片的过程可以像眼科的准分子激光手术一样简单。据悉，Neuralink 将寻求美国食品药品监督管理局（FDA）的批准，最早于 2020 年开始对人类进行临床试验。

埃隆·马斯克团队在脑机领域的前沿性探索，主要就是想直接跨过视觉、听觉和触觉器官，直接使用脑波和外界进行信息交互。在今天看来，这是一种比较科幻的技术系统。但在 5G 时代到来之后，机器和机器之间的信息交互能力已经远远超越了人本身的交互能力。如果机器有意识，它们可能会觉得人在处理信息的问题上就和蜗牛一样慢。

5G 技术的使用，最终将迫使人类进行自身脑力系统的改造，否则，人本身就成为智能社会和物联网社会中的一种限制因素。

在科技界，科学家将人脑看成是一种特殊的生物计算机，其技术内核虽然目前还不能为人所把握，但是可以发展一些先进的脑机接口。脑机接口有时也称作“大脑端口”或者“脑机融合感知”，它是在人或动物脑（或者脑细胞的培养物）与外部设备间建立的直接连接通路。在单向脑机接口的情况下，计算机或者接受脑传来的命令，或者发送信号到脑（例如视频重建），但不能同时发送和接收信号，而双向脑机接口允许脑和外部设备间的双向信息交换。

脑机接口在技术上可以分成两个方向：一个是入侵式，即将接口植入到颅腔内，来接受神经元信号；另一个是非入侵式，即通过外置设备来获得大脑不同区域电流活动。这两种方式各有优劣：入侵式获取的大脑空间分辨率相对较高，效率也较高，但由于是外部设备接入大脑，有一定的安全隐患；而非入侵式不进入大脑，在安全隐患上要低很多，但数据收集的效果也要差一些。

科学界对脑机接口的研究已持续了四十多年了。自 20 世纪 90 年代中期以来，从实验中获得的此类知识显著增长。在多年来动物实验的实践基础上，应用于人体的早期植入设备被设计及制造出来，用于恢复损伤的听觉、视觉和肢体运动能力。研究的主线是大脑不同寻常的皮层可塑性，它与脑机接口相适应，可以像自然肢体那样控制植入的假肢。

在脑机发展历史中，有几个里程碑式的事件：

1999 年，由加勒特·斯坦利（Garrett Stanley）先生领衔的一个哈佛大学研究小组使用脑机接口从猫的视网膜中获得信号，然后用计算机把它转化为电视上的八段视频电子信号，这样电视上模糊出现的就是猫的眼睛中的图像。人们可以看从猫眼中看到世界，这八段视频里有可以辨认的景象和物体。

2000 年，美国杜克大学的米吉尔·尼古拉斯（Miguel Nicolelis）先生使用脑机接口让猴子用脑波操纵游戏杆获得食物。这就意味着一些失能者能够借助机械臂完成一些自主性活动。

而前例中埃隆·马斯克旗下公司做出的产品，其实也是一种了不起的进步。这意味着脑机已经可以进入临床了，这种拥有几微米柔性导线的接口装置，能够借助微创手术，植入人脑中，虽然现在主要的用途是针对失能者，但随着时间的推移，普通人使用脑机进行交互的时代已经到来了。在老龄化社会到来之际，这些技术对于老人来说确实是一个福音。在全球化的养老产业之中，能够带来巨大的产业机会。

脑机是一种“使能技术”（所谓使能，就是“使之能够如何”的意思），也是一种战略前沿技术。试想，当不同专业的科学家之间能够进行脑波交流的时候，对于知识领域的发展，将起到极大的促进作用，这种作用无疑是革命性的。

5G 技术、人脑和人工智能之间会形成一种新的思考体系，将人类一些聪明的大脑之间的隔阂打通，进而进行联接，就会形成全新的思考方式。我们将脑机革命理解为新一轮的创新革命，建立在无线网络上的人脑，将为社会创新和科技创新提供更多的机会。

在未来几十年的科技研发中，通过脑机进行深度知识的协同将成为一种普遍的现象，多人组合的脑力叠加式创造，将解决企业管理中的一些难题。而解决了这些管理难题的经济体，就能够引领下一场知识革命。

不只是美国，中国在脑机交互研究领域也有所建树。国内多所高校正在脑机交互领域进行深入探索，提升脑机交互性能。清华大学、华南理工大学、电子科技大学、上海交通大学、浙江大学等多所高校已设立课题研究脑机接口技术系统，并在前几年世界机器人大会（World Robot Conference，WRC）脑控机器人大赛中取得成绩。这些都是前瞻性的研究，成熟可能需要一个周期，但 5G 时代的到来，会为脑机的应用提供庞大的需求市场。有市场需求在驱动，企业才愿意做战略投资，将应用技术集成起来，形成解决方案。

2012 年，浙江大学宣布，该校研究人员已在猴子身上实现大脑信号“遥控”机械手做出抓、勾、握、捏等较精细手势。这和米吉尔·尼古拉斯的让猴子用脑波操纵游戏杆获得食物的开拓性研究有异曲同工之妙。

近几年，其实中国在全球的脑机研发领域成果是很多的。很多成果是在总结全球前沿研究进展的基础上，将大量的脑机技术知识集成化，变成一种标准化的东西。因为在未来几年，在脑机领域肯定会有一场标准之争，无论哪个企业都不想失去占领制高点的机会。

2019 年 5 月，一款拥有完全自主知识产权的国产高集成脑机交互芯片——“脑语者”正式发布，它是由天津大学和中国电子信息产业集团联合研发的，是全球首款脑机接口专用芯片。这些研发者想要开发一种脑机领域的泛用芯片。《科技日报》的记者进入研究机构，看到了这款芯片搭建的脑机做一些脑控取物和电器控制等实验演示。这款芯片可以识别出头皮脑电中极微弱的神经信息，高效计算解码用户操作指令，提升大脑与机器之间的通信效率，充分满足日常使用需求，让脑机交互设备成为使用者的“第三只手”。“脑语者”有望为脑机交互技术走向民用化、便携化、可穿戴化及简易化开辟道路。

目前，脑机仅仅能够完成一些简单的功能，但这对于病人和老年人来说，已经很珍贵了。对于老年人来说，能够自理并且完成一些简单的事情，其实也代表一种尊严。

入侵式（在大脑中植入芯片）和非入侵式（佩戴脑电图头盔）这两种形式的脑机技术在现实生活中都取得了一些成绩，但还远未达到电影中展现的高度，脑机接口本身所涉及的技术十分复杂，需要多学科的高度协作。

除技术上的问题外，伦理问题也是脑机技术落地的一大障碍。无论是入侵式还是非入侵式都存在使用者被“思想控制”的问题，如果有人利用这样的人机接口来控制人或改变一个人的思想，就可以轻而易举地实现“洗脑”。国外曾有媒体对此表达过疑虑，表示脑机可以避免人类在工作的时候开小差或者走神，但这些已经远远超出医疗领域之外，《盗梦空间》里读取别人思想的场景或真将发生，甚至像《黑客帝国》里描述的一样，人类被机器所控制。

3. 超越 PC，超越手机

在信息技术发展史上，一开始出现的计算机主要为大型机，应用于科学和工程领域。但是因为垂直领域的应用太过狭窄，所以计算机的成本一直居高不下。到了 PC 时代和智能手机时代，由于市场的扩大，这些通用计算机领域价值链上的任何一个环节，都能够在大量生产之中解决成本问题。

PC 的销售，虽然已经到达一个发展的瓶颈期，但是其市场已经是成熟的了，作为个体和家庭的计算中心，其能够保存私人领域的数据。而这些私人领域的数据也是一种资产形式。

PC 也会进化出更多的人机互动系统，现在我们用键盘、鼠标互动，未来的 PC 则会有更多的输入/输出系统。比如，PC 可以帮助房屋主人管理整个环境，包括花园管理、草坪管理、周围环境安全监控管理等。作为智能家庭的管理中心，PC 的一些功能还会继续被创新者研发出来，进行个性化应用。

从 PC 进化而来的物联网式电脑，可能会成为一种新的应用工具，比如作为小型农场的智能中心和控制中心，或者 3D 打印控制中心。这时的 PC 已经成为生产工具而不仅仅是一个信息工具。物联网可能是当前最有可能实现的未来电脑类型，它意味着人类接触的几乎任何物体都会变成一个电脑终端，住房、汽车，甚至在大街上的物体，都将能够与平板电脑、笔记本电脑或智能手机实现无缝连接。

目前，有两种互补的技术在促进物联网电脑的发展，一个是近场通信（NFC）技术，另一个是超低功率芯片。近场通信技术可以让互相靠近的电子设备进行双向数据通信；超低功率芯片可以从周围环境中获得能量，能够让电脑终端变得无处不在。现在已经普及且经常使用的移动支付，应该就属于物联网电脑的一个重要功能，因为它的终端还是需要电脑来处理的。

现在的 PC 系统还在进化当中，还在超越目前的应用模式。在 PC 和手机周围，都会“生长”出很多新的连接器，将不同功能的器件连接起来，形成解决方案。原来这些机器主要完成通信功能，但是在未来，这些机器将会变成新的应用关键节点。比如，手机和显微镜结合起来，能够做一些诊断，能够通过云来进行图像分析。以此类推，相关的辅助软硬件能够替代一些专业医疗设备，用户能够借助廉价设备进行自我体检和健康管理。仅仅在预防医疗和健康管理领域，未来就会出现一大批创业企业。这些都可以建立在手机和 PC 机应用外侧，通过简单的传感器就能够将需要的数据采集出来。预防性医疗技术的普及，将有利于数据的整合，为国民健康提供一种大数据系统，建立一种更加精准的医疗云。

亚马逊硬件产品高级副总裁戴夫·林普（Dave Limp）指出，计算技术的下一个阶段在于获取计算能力的方式和地点，而不是在于实体设备本身。他说：“我们把它想象成一种环境计算，也就是计算机访问不是局限于特定地点，而是无处不在。”

在 5G 时代之前，这些外围设备和 PC、手机的连接，都是通过一种有线方式进行的，而在 5G 网络铺开、物联网芯片普及之后，每一个外围专业设备都能够通过无线方式获得数据，并进行计算。物联网不是连接起来那么简单，而是让人的生活更加方便，这是技术发展的意义所在。

5G 时代，一些业已存在的计算技术平台，将会继续根据“摩尔定律”进化几年，在这些设备芯片没有到达极限之前，围绕着手机和 PC 的周边产品将增多，但在这些移动设备逐步进化到技术极限的时候，大部分计算都将转移到“云”中。物联网传感器集群能够和云智能一起，创造出一种新的计算时代。

新的计算时代，除了终端的传感器不能够被替代，大部分本地的硬件系统都可能变成云计算。因为手机、PC 和云提供的算力是相同的，到时候，在 MR 里面，只需要提供一个界面，我们在终端发出请求，就能够获得一台虚拟的手机和 PC。当然，其实现的周期会比较长。

4. 垂直应用终端崛起

5G 是一种协同型的技术，理论上来讲，就是要将所有的软件和数据全部放到“云”中，用户可以调用远方资源，不再依赖于本地计算能力。

在这里，我们将站在中小微企业的立场上，去讨论未来精密制造业的发展。通用的算力机器会被取代掉，但是专业化的垂直应用终端，会逐步繁荣起来，成为一批新技术物种。

著名咨询机构埃森哲公司在 MWC（世界移动通信大会）2019 报告中指出：随着整个数字生态系统开启崭新的、全连接未来的同时，5G 技术在农业、制造业、交通运输、医疗卫生等不同行业应用的可能性，将会逐步展现。行业中的讨论将不仅仅集中在用例上，更重要的是这些厂商如何将这些用例转化为实实在在的收入，从而使 5G 技术变为现实这一过程中所需的大量投资释放的价值。

5G 到来之后，专有技术领域内的一些产业将会如何发展？云计算并不是占据绝对统治地位的数据系统，在未来，由于数据资产都是有权属的，这种整合都是有成本的。专业化的软件、数据系统和硬件系统，即使在 5G 应用之后，还是一个相对独立的领域，还存在着一些专业领域的垂直供应商组成的价值链。

比如，在工业数字控制领域，会发展出高可靠性的专用计算机。对于常规 PC 而言，机器如果崩溃了，只需要进行系统重新启动就可以了，但同样的事情发生在工业控制领域，就意味着生产事故的发生。尽管这些系统也一样采用云计算和 5G 网络，但要求具备高可靠性。独立的数据网络和高可靠性的数据系统、5G 公共网络之间的开放性是并存的。因为双方核心需求的差异，专业网络和 5G 技术之间，基本是一种有限连接的关系。

对于一些开放性的制造领域，会出现“用户终端（App）+硬件系统”，比如，开放式数控[44]技术并不追求超强的稳定性，多数属于个性制造和实验制造领域。或者需求非常特殊的产品制造领域，无法形成工业化复制领域的制造类型，而这些个性化制造领域，会产生一些新的智能制造系统，比如前几年很热的 3D 增材制造系统。在 5G 网络全面铺开之后，一些专用制造领域将会迅速崛起。比如使用激光 3D 打印机，打印车祸过程中缺失的骨头等，由钛合金打印技术远程提供数据，加工中心提供设备，就能制造出独一无二的产品。

国内种植牙市场，大家都看到了，这是一个没有充分竞争的半封闭市场，所以定价是偏贵的，几颗牙等值一部小轿车。这是本地化服务的价格加上产品定制化的价格构成的。但如果有一个 App 将整个城市和全国供应链数据都采集出来，形成一个比价系统的话，借助 5G 远程检查系统，就会有一个合理的报价。而几家垂直型的加工中心就能够为全国性的齿科提供它们的技术产品，从而实现全国性的垂直领域的价值整合。这对于消费者是有好处的，因为这意味着消费者能够用比较低的成本获得更好的服务。

在这个垂直领域的案例中，我们能够看到大众的普适计算工具手机和垂直专业领域牙医系统的 5G 整合。因为远程诊疗系统的整合，这个垂直领域的分散化和“信息黑箱”就被打破了。加工中心提供个性化低成本的产品系统，会促使本地服务系统的难度系数也大大降低。因为本地化的牙科手术机器人平均服务水准要普遍高于一般的齿科门诊。

5G 终端的作用体现在业务实现和用户触点两个方面：提供网络服务收费或者是应用收费，没有终端连接网络或者实现业务，“5G 商业化”就是空谈。手机、牙科机器人和加工中心、牙科云数据等设备就形成了一个垂直领域的新链条。一些本地化的服务网络建立起来之后，中国牙科市场就会出现一些颠覆性的改变。

而从应用层面来看，5G 手机或许将成为 5G 垂直应用的重要推手。以智能手机为例，我们对未来的智能手机有两个“大开脑洞”的判断：一是智能手机=5G+AI+区块链+云；二是智能手机由“单一固定屏”进化到“多屏组合”。在国内，垂直服务领域都会与专业大数据、专用机器人和本地化服务进行结合。

中国移动终端公司副总经理汪恒江认为，预想中的 5G 终端将会是多形态化的，但从一两年来看仍将以 5G 手机为主。王恒江说：“我们谈论了很多 5G 如何改变社会，5G 如何在 2B 端发生比较大的影响，但厂商在规划的时候，很多时候回到 PC 端产品。”

在 PC 时代，我们通过键盘、鼠标来输入，在移动互联网时代，通过触摸的方式来输入，这是一个进步，但依然是靠手和眼，而智能语音则解放了手和眼，靠口和耳来进行交互，这不但是一个划时代的进步，而且更加适合人类的交流方式。

人类的语音不受环境的限制，无论在什么环境下，均能够进行跨越空间的交流。而语言能力是人类自带的能力，任何机器人之间的交流也应该和人之间的交流一样，这是最符合人机工程的人机交互模式。

自然语言处理和语音识别技术，是 5G 时代全球科研平台都极度重视的技术。在这之中，声音科技几乎是最热的研究领域。

智能语音还是未来十年的超级网络入口。在 PC 互联网时代，主要入口是搜索引擎，例如 Google、百度；移动互联网时代则是超级 App，例如微信。但随着物联网和 5G 技术的到来，越来越多的硬件可以便捷入网，这些硬件设备是散落在各处的，比如智能穿戴设备、车联网、智能家居等等，唯一能够将它们连接起来的，只能是智能语音。例如，亚马逊的 Alexa 目前就支持三千五百多个品牌、两万多种智能家居设备，以及耳机、手机等一百多种第三方设备，这是一个很明显的趋势。

人类在智能社会中与机器进行交流，其最简单的场景，就是我们给机器人下达一个命令，让机器人按照我们的语音指令完成一个工作。比如在夜里，我们对机器人说“给我一杯温水”，这不需要任何技术含量，机器人听懂了主人的意思，就会按照主人平时对于“温水”的温度的体感做一个平均值，最后将一杯温水放到主人面前。喝完后，主人跟机器人说“将杯子拿走”，然后继续睡觉，机器人则按照主人的这个指令完成该动作。

同样，那些不懂任何代码和电子产品操作的老人，也能够轻易地跟智能马桶“对话”，然后智能马桶会帮助老人完成一些卫生工作。老人在使用智能马桶的过程中可以像对待护士一样与其对话，智能马桶也能够理解老人的需求，比如清洗的水温是否合适、烘干的温度和风速是否合适等。把这些收集到的数据进行上传到云，智能马桶就能够充分理解老人的喜好。另外，家用机器人也能够防止老人在行动过程中的摔倒等行为。如果这些操作不借助语音，而借助手动的话，人其实就是被机器操纵了。

以语音作为操作系统的界面，这是“以人为本”的设计思考。自然语言虽然有局限性，但它却是我们人类最基础的指令工具，未来自然语言的进化，需要尽可能地突破表达歧义，实现精确表达，让智能设备能够准确理解，以正确地完成动作。

物联网是基于 5G 技术的综合技术系统，需要人和无数种机器打交道，如果每一个机器都有一个不同的界面，那么人在这种复杂性面前就会感到无所适从。而通过语音问答的形式，可以有效解决交互过程中的具体问题，这对于人来说，就是一种使用自然语言的行为，这没有任何挑战性。因此在开发科技产品的时候，一个重要的设计原则就是“大道至简”。毋庸置疑，语音操作系统具备这样向无数种机器发出指令的能力，并且人能够接收其语音回复。这一底层技术就是人工智能。

据科技调查公司卡拉雷斯（Canalys）的数据，2017 年年底，全球智能语音设备装机量是 4 000 万台，到 2019 年，语音操纵的设备超过 1 亿台。奥维恩（Ovum）公司则预计到 2021 年，智能语音助手的数量将和全球人口一样多，要知道，手机达到这一数量，可是花了整整 30 年的时间。在华为鸿蒙操作系统中，其语音识别领域的技术专利就有很多，鸿蒙强化了语音识别在物联网领域的应用范围。

也就是说，在接下年的 10 年里，人们使用的是手机、智能穿戴设备、车辆还是音响，并不重要，这些设备只是适应不同场景的需要，重要的是这些设备都是通过智能语音来唤醒和交互，如果要便携的话，可能一个隐藏在耳朵里的小耳机就足够了。

语音入口的上层应用包括智能家居、智能金融、智能交通、智能医疗等；中层是算法层，包括语音识别、语音处理、声纹识别、定向降噪、声场采集等；在基础支撑层是计算平台、数据平台、数据存储与数据挖掘。

随着各个公司对人工智能的投入，带来了语音识别、自然语言理解等 AI

技术的不断进阶。一方面，以智能手机为代表的智能硬件就被“剧透”得最彻底，各种智能手机在发布会上反反复复地宣传其语音助手的强大能力。现今，智能手机已经实现了“语音识别+地图”，形成了语音为核心交互的地图导航。除了智能手机之外，音箱可能成为家庭日常生活场景的中心，成为智能家庭的标配。智能的视野显然不仅限于音箱，音箱也不会是语音交互的唯一入口。通过语音引擎，车载相关产品将被重新定义。语音车载电子设备曾经因为其差劲的体验一度日薄西山，有了语音技术的加持，可能会重新夺回车载场景的中心地位。

另一方面，智能语音的发展也面临一个大难题，那就是语境的问题。上下文语境的困境需要借助更多的辅助信息输入，比如机器人需要知道人现在处于什么样的场景中，而庞大的辅助信息输入则与 5G 密切相关。人工智能需要足够的带宽来迅速分析环境信息，语音是指令工具，不是信息输入的唯一模式，如果将语音作为单一的输入输出通道，这种研发方向显然是偏颇的。

智能语音要准确理解人类指令，必须具备识别语义的能力，在固定的系统中，语义是确定的。正因为这样，物理符号系统可以形式化。但是，在语言的运用中则不然，语言的意义是随语境的不同而有差别的，这也是为什么目前的 Siri、Alexa 和 Watson 有时很“傻”的原因。这就要求引入人在场景中的更多视频信息，图像识别和音频识别结合在一起，基于人工智能对于服务对象持续的数据收集模式，才能够在接下来的语音对话过程中，更加准确完成任务。比如智能音箱就是一种人工智能的训练终端，当大量分布式的智能音箱散布在数百万千万的用户之中，这些基于语音指令的操作，就会越来越精准。

对语言和语境的理解需要大量的数据和场景来训练，这也是从国外的亚马逊、Google、苹果，到国内的百度、阿里巴巴、腾讯、搜狗等公司都在力推智能音响设备的原因。并不是说智能音响很重要，而是它可以为音响背后的智能语音系统提供很好的训练场景和数据。

苹果 Siri 依托于 iPhone，以苹果手机的数量不难得出 Siri 拥有比任何人工智能语音助手都更加庞大的基础平台这个结论。

亚马逊 Alex 则依托于 Echo 设备。2017 年的节日促销，Echo 智能音箱家族整体表现亮眼，作为购物季的“明星礼物”，一举成为亚马逊全球销量最高的商品。这两家公司都已经在消费普及方面取得了明显的领先优势。

谷歌在搜索方面依然占据领先优势，人们渐渐用语音搜索来代指谷歌的语音技术，整合语音功能的新款软件有 Assistant，语音工具有 VoiceSearch。

百度语音交互平台 DuerOS 全面进行开源，百度有基于语言识别和自然语言处理的度秘 DuerOS，所有技术驱动力来自百度大脑，无论是算法还是模型、架构。

阿里巴巴智能语音助手叫 AliGenie，阿里人工智能实验室认为 AliGenie 的优势之处在于语义理解，仅一项关于天气的询问就可以有 700 多种中文问法。

腾讯的叮当，不仅可以语音交互，更能以语音为基础，结合视觉与听觉，在原有的“手机助手式”的语音交互上进行叠加配合，真正实现场景化下的高效互动。

搜狗建立以语言为核心的人工智能技术，通过问答、语音和翻译等形态应用于搜索和输入法等产品中，把语音输入集成到手机输入法中。

总的来说，即使语音技术有诸多优点，但是如果想要充分发展，并借此创造经济收益，就必须克服许多障碍，不断创新使用场景。

第七章　应用场景

分布式边缘计算：为小企业赋能
5G 区域：光纤网络、机器人矩阵和数据融合
推动智能制造
智能合约付费推动零售变革
5G 带来的教育革命

1. 分布式边缘计算：为小企业赋能

从中心化计算到多中心化计算是一种历史性的进步。分布式的边缘计算[45]，将一个个独立的企业变成一个完整的价值链，每一个价值链上的企业都能够从价值链的全局来分解任务，完成自己的工作目标。这是人类协同历史上一个重要的节点。

之前，我们在谈协同理论的时候，都还是在书面上用公式来表达这种系统工程的潜力。5G 智能时代真正的到来，将促成一种中心化计算、多中心化计算和去中心化计算一体的智能社会形态。

中心化计算往往指的是一个国家的大数据中心和知识融合中心，也包括全球性智能云系统。使用者可以在巨大的数据系统中找到自己需要的智能协同模式，学会微观和宏观相协同；多中心化的计算，更多适用于动态的大规模实时计算场景，包括人类几乎所有的运动系统，在将来，大部分的场景中都将引入边缘计算系统。

事实上，美军的战场分配系统就是一种多中心的分布式计算系统。几十年前美军就已使用并且仍在使用这种技术系统，在某种程度上，其思想也被应用到一些动态的管理系统当中。换句话说，每一个企业都将拥有和美军类似的信息管理及行动协同系统。

多中心化意味着在独立的区域内，围绕运动主体之间的关系，形成一种算力的分配方式，边缘计算试图通过在云端提供更接近数据源的计算来减少处理中的延迟。此计算可能发生在物联网设备本身，就像英伟达公司（NVIDIA，全球视觉计算技术的行业领袖）正在为自动驾驶汽车开发的设备一样，或者可以使用它来提供特定的服务，比如苹果（Apple）应用。在英伟达和其他公司开发自动驾驶汽车技术的案例中，克服延迟是生死攸关的问题；对于苹果产品应用来说，减少延迟不仅可以获得更好的终端用户体验，而且还能减少对数据隐私被侵犯的担忧。通过缩短网络流量需要，提供某种形式的计算结果，边缘计算解决了延迟、安全性、数据隐私以及健康和安全问题。

其实，“边缘计算”并不是一场革命，相反，其更多的是一次进化。边缘计算的根源在于 21 世纪之初的内容交付和点对点网络以及网格计算。然而，随着网络、计算和分析技术能力的不断提高及其与大规模数据增长的处理需求相结合，现如今计算对于企业组织机构的 IT 经理们而言变得越来越重要。

随着大量预期的数据信息被发送到网络，并通过网络不断增长，企业组织正在开发更接近网络边缘的计算能力，因为海量的数据信息就是在这些网络边缘生成的。边缘计算所创建的中断，允许本地用户实时生成和执行数据分析。

由于各种各样的传感器和处理器可以创造和传输大量的数据信息，而与此同时，市场对于人工智能和增强现实、无人驾驶飞机以及自动化交通系统方面的投资和开发也越来越多，这一切均推动了边缘计算的发展。

在工业互联网当中，未来每一个器件都自带强大的算力，可以这样理解：万物都是计算机，土方工程挖掘机也是计算机的一种。很多本地化的数据也都存储在本地，这些临时组合式的机器集群区域，为解决同样的问题，可以相互共享和调用彼此算力和数据，形成区域内最佳的协作成果。

举个例子，如果将所有的智能器件全部加到一辆车上，那么在理论上，这辆车是可以做自动驾驶的，但所有调用的数据和算力都是存储在车中的，这种算力就算是边缘计算的一个颗粒。比如，特斯拉汽车公司和太空探索技术公司创始人埃隆·马斯克就宣布为自动驾驶研发一款高性能的计算机，1 秒钟能够做 36 万亿次浮点运算。这意味着汽车在行进过程中每一秒就能够处理几千张高精度图像，这种计算性能能够保证汽车在脱离网络的时候还能够进行自动驾驶。

但是，驾驶员们都知道，开车安全不仅仅取决于自己，同时也取决于同路的驾驶者。换句话说，你能保证不撞到别人，并不代表别人不撞到你。这就需要一种边缘计算集群来解决问题。单独追求安全，不如集群追求一种总体的安全。5G 网络并不能完美覆盖，但是这些车在路上可以自己形成一个安全网络，相互保持行驶的安全性。在路上，相互靠近的车都是相互交换安全数据、协同行动的。这就大大降低了发生事故的可能性。边缘计算设备、5G 网络覆盖、未曾覆盖的区域，能够形成一个随时离合性的工作状态。边缘计算也是在 5G 没有全面覆盖之前的一种重要的计算形式。

人工智能和边缘计算的结合，使得本地化处理大量数据成为可能，单车安全和多车临时安全组网能力，可以使得各种运输设施更加安全，这其实还是机器和机器之间的关系问题。我们举自动驾驶的例子，只是为了说明机器和机器之间是如何用边缘计算进行协同的。

5G 到来之后，制造业和城市物流业内有大量的物料移动作业，这些智能机器和运输传送系统有大有小，不可能每一个智能机器都和自动驾驶汽车一样“装备齐全”，每一个智能机器也不可能有汽车这种独立强大的算力系统。所以“5G+边缘计算”是很好的解决方案。

假如一家饭店有三个外卖小哥型机器人，那么若干个饭店就有很多个外卖机器人集群，它们相互之间可以在区域内协同而达到最佳的工作效率。中国餐饮行业在云中收集了大量的数据之后，需要开发出属于自己行业特点的AI芯片来驱动机器协作。如果中国有2 200种工业企业，那么就会有2 200类不同的AI芯片驱动的计算机。每一个AI芯片都是智能社会的一个神经元和数据节点。

中小企业在消费领域会有很多作为，边缘计算和5G网络的结合能够为很多中小企业赋能。消费和技术因素的结合创造了一系列更为复杂的驱动因素，这些驱动因素在行业和地理上的差异很大。一般说来，推动企业走向边缘网络的三大驱动因素如下：一是不断变化的消费者和商业预期，以及数据使用情况，新兴技术的发展，特别是在网络、处理、软件和协议领域，使边缘计算成为可能；二是边缘处理的应用程序，如整合物联网设备数据的机会、更高的网络处理和传输效率、更低的延迟，进而提供了更好的客户体验和数据安全性；三是边缘计算是一次投入，运行成本很低。

因此，以下几大行业中的企业将能够从边缘计算中受益。

第一，在智能城市建设中的应用。边缘计算可以广泛应用于智能社区或城市。随着传感器和信息源的不断增加（交通系统、医疗系统、公用服务事业和安保计划），在中央位置存储和分析数据已经变得不太可行。

边缘计算还可以减少社区服务中的延迟，例如针对医疗紧急情况，执法、交通模式和公共交通等的处理。其还考虑到了地理精度，因此能够将特定街道、街区或郊区相关的信息与该地区的用户即时共享。这些应用程序和技术将最终确定边缘是否从交通系统传感器和路灯延伸到数据中心的泵、涡轮机和其他传统上不相连的实用设备。

在发生自然灾害时，智能城市边缘网络将如何收集和分发信息？如何利用智慧城市和边缘技术来传递和缓解水和汽油等资源对供应链的影响？边缘计算能力可以自动产生最佳的解决方案，协同人、财、物解决问题。城市的运行效率就会大大提高。

第二，智能商业和公共交通运输业。边缘计算已经为商业和公共交通运输业执行了许多方面的功能了。对于诸如飞机、轮船和宇宙飞船等复杂的飞行器来说，边缘的加速处理需求和边缘计算、分析意味着只传输最为重要的信息以便进行进一步的分析，大部分都是本地存储的。边缘技术允许交通和环境传感器处理并提供最相关的信息给车辆，包括自驾车。边缘网络的第二大功能是其信息性：将本地数据模式提供给更广泛的网络系统，以提高交通运输的效率和安全性。智能交通系统也是智慧城市发展的自然部分。

第三，在智能家居领域的应用。一些数据中心的原始设备制造商声称，在美国，每个家庭都将很快成为自己的数据中心，而这一说法正在逐渐成为现实。然而，边缘计算将智能家居系统与核心生产中心联系起来，而不是在数据走向边缘时创建独立的数据中心。故而，“批量发送”与实时连接设备在智能家居中的作用，还将继续被讨论。

第四，无人驾驶汽车、飞机和遥控机械。根据著名的硅谷风投公司安德森·霍洛维茨基金（Andreessen Horowitz）合伙人兼斯坦福大学商学院教授彼得·列文尼（Peter Levine）的观点，关于边缘技术，最为出名的例子可能是无人自动驾驶汽车估计需要 200 个以上的 CPU（Central Processing Unit，中央处理器），并且是“车轮上的数据中心”。自动驾驶汽车可以处理实时视频和流照片，根据数据输入实时做出决定。他们强调需要通过智能交通网络来共享协作信息。这一概念还可以扩展到农业、采矿业、石油和天然气等行业的无人机，这些行业必须对收集到的数据进行实时反应和处理。

第五，媒体和其他内容。CDN（Content Delivery Network，内容分发网络，是一种新型网络构建方式）已经使内容更贴近用户，而边缘计算是为用户提供额外操作应用程序的合乎逻辑的下一步。它们还将参与未来的内容交付，使供应商能够扩大地理覆盖范围，并最大限度地提高交付网络的效率，特别是在引入更多增值和交互式服务的情况下。

第六，制造业和工业 4.0。机器人、人工智能和机器学习已经被许多工业企业所采用，所有这些都是边缘计算的最佳使用案例。

制造业边缘计算的指导原则是将生产简化为从需求到生产、交付和消费的标准过程。这方面将需要边缘计算所提供的各个位置的数据源之间确切的协作。工业物联网（Industrial Internet of Things，简称 IIoT）通过预测性的维护，提高安全性和其他运营效率，降低成本。边缘计算在本质上是工业 4.0 的数据供应链。

2. 5G 区域：光纤网络、机器人矩阵和数据融合推动智能制造

业界在 5G 网络使用密集区勾画出一个“5G 区域”的概念，主要指的是大型制造业工厂区。大型的工业设施，如智能码头等需要完成复杂协同的区域。

在这些 5G 场景中，有固定场地的智能制造业，将是 5G 时代的最大受益者，人类在百年基础上积累的自动化、智能化技术系统都可以在这样的区域内用得上。但是每一个场景都有自己的解决方案，在制造业领域中，不同行业可能不存在通用方案，技术系统可能是相通的，但是彼此都会有自己的独特性。我们在未来的“5G 区域”内，能够看到“第二次产业革命”“第三次产业革命”和“第四次产业革命”相互叠加而成的综合复杂系统。

对于自动化智能制造，日本在全球是最有前瞻性的，这跟日本的老龄化社会趋势有很大的关系。早在几十年之前，日本就提出“黑灯工厂”的概念，即一种自动化企业，晚上不用开灯，基本能够做到无人工厂，机器在车间有

条不紊地执行产品制造任务。日本在1990年4月倡导了“智能制造系统IMS”国际合作研究计划。许多发达国家如美国、欧洲共同体、加拿大、澳大利亚等参加了该项计划。该计划共投资10亿美元，对100个项目实施前期科研。这就是智能制造的发轫。

智能制造是集几次工业革命之大成的产物，其面向产品全生命周期，实现在感知条件下的信息化制造。传感技术、测试技术、信息技术、数控技术、数据库技术、数据采集与处理技术、互联网技术、人工智能技术、生产管理技术等与产品生产全生命周期相关的先进技术，均是智能制造的内涵。智能制造最后以智能工厂的形式呈现。

对于德国制造，其根本原因在于抓住了“第二次产业革命”的精髓，按照德国一个企业主的说法，德国制造的成功源于一种对于工业精神的深刻理解，背后有一种对于基础材料和产品质量改善的不断追求。比较欧洲和美国电气柜的布局，就可以知道这种背后的工业精神是无处不在的。5G时代智能制造不能替代的，就是这种对于产品理解的哲学。

5G时代，智能制造需要承接“第三次工业革命”的全部衣钵和“第二次工业革命”的工业精神，这样才能够做得更好。在智能制造领域，对于预测未来做得比较好的就是德国的制造业。德国曾经在汉诺威工业博览会上提出“工业4.0”战略。工业4.0的内涵就是数字化、智能化、人性化、绿色化，产品的大批量生产已经不能满足客户个性化订制的需求，要想使单件小批量生产能够达到大批量生产同样的效率和成本，需要建设可以生产高精密、高质量、个性化智能产品的智能工厂。德国人很想在智能制造领域进行突破，获得全球性的主导地位，但是其结构性缺陷在于国家规模比较小。

即使没有5G网络，在局部区域内，光纤网络也能够将工厂内的生产线集成起来，形成独特的自动化工厂。但是“智能制造”和“自动化工厂”却是两个不同的概念。二者联合起来才能够叫作“智能工厂”。

智能工厂代表了高度互联和智能化的数字时代，工厂的智能化通过互联互通、数字化、大数据、智能装备与智能供应链五大关键领域得以体现。还有最重要的一点，就是制造者和消费者是完全一体的，没有直接连接消费者的自动化工厂不能称之为智能制造。即使在光纤网络、机器人自动化领域已经投入巨大的制造业领域，作为全球工业的佼佼者，面对更大的数据融合，也会遇到挑战。消费市场的复杂性、动态性和工厂里面追求的稳定性、确定性之间，是不同的企业文化的再融合。

一个典型的智能工厂，应该包括生产设备互联、物品识别定位、能耗自动检测、设备状态监测、产品远程运维、配件产品追溯、生产业绩考核以及工厂环境监测等目前存在的实际应用。这些功能如果不借助 5G 网络技术，而是借助于自动化生产线的集成技术，运营成本会非常高。即使在“5G 区域”之内，很多非标准的、空间运动位置不固定的生产行为，还是需要 5G 和自动化技术的充分融合，形成更广泛的连接。有了自动化基础和 5G 网络的结合，才能够产生真正的智能化工厂。打个比方，自动化工厂和 5G 网络相隔十步远，自动化工厂需要向前走七步，5G 网络也需要向前走三步，才能够结合起来，形成一个比较完善的智能制造工厂。

目前的智能制造工厂与传统工业制造相比，具有以下几个明显的技术革新：一是通过利用智能感知技术随时随地对工业数据进行采集，通过多种通信技术标准，将采集到的数据实时准确地传递出去；二是利用云计算、大数据等相关技术，对数据进行建模、分析和优化，实现对海量数据的充分挖掘和利用；三是利用信息管理、智能终端和平台等技术，实现传统工业智能化改造，提升产业价值、优化服务资源和激发产业创新。

在这些技术革新的基础上，智能工厂将会面对六大技术发展趋势，即终端智能化、连接泛在化、计算边缘化、网络扁平化、服务平台化和安全提升化。由此带来的管理变革包括设备联接日趋多元化，数据处理向边缘端倾斜，以及企业战略由产业个体向生态系统转型，企业运营由设备和资产向产品和客户转移。

5G时代对于中国来说，是一种特别的利好。中国人在消费互联网领域已经处于全球领先地位。我们看到一些工厂已经有条件快速将自己的自动化工厂和5G结合起来。

美的电器作为中国最大的电器品牌运营商之一，其生产领域一直在追求“黑灯工厂”的概念，并且将生产流程的知识变成代码，让机器人能够在工厂内完成自动作业。美的智能工厂，从运输进入产品制造过程，到质量检测输出，已经接近无人工厂的水准。

美的在面向智能制造的过程中，结合制冷生产线领域的特点，展开研发，一些特殊问题都是需要发展专有技术来解决问题。据美的公布的有关数据，在建设智能工厂的过程中，其解决了8项世界级的制造难题，并且形成了自己在智能制造领域的知识产权，也克服了17项制冷行业难题。这些知识产权的积累都是来自于企业和“智能制造”的相向而行。这些努力也获得了国家的认可，成为中国智能制造领域的示范项目。

美的武汉智能工厂并不是独立的一个系统，而是美的电器智能制造和品牌运营过程中的一个自动化单元。美的总部的消费侧需求数据对于生产线具有决定性的影响，我们能够在工厂看到的是成百台机器人和几百台专业机器之间的精确协同，其生产效率比人工工厂要高出1.5倍。普通生产线需要40秒下线一台产品，而智能工厂只需要15秒就完成了。

美的武汉智能工厂在晚间可以不开灯完成产品制造，这就意味着只需要很少的工程师，就能够进行24小时不间歇生产。机器人的维护设施是标准化的，工厂不再需要设置更大的辅助区域，比如供产业工人娱乐、休息和吃饭的地方，这也大大提高了单位工厂面积的利用率。智能制造大多数都是绿色制造，是高度节约化的模式。

中国在智能制造领域的进步，表明企业对于 5G 工业互联网的期待，都是热切的。5G 智能制造可以在社会层面上调整产业结构，生产线上技术熟练的工人，不需要再继续从事简单重复的工作，而是可以将电器领域的知识转移到客户服务过程中去，以增强企业的竞争能力。

由此看出，未来智能制造领域的突破，一定是赋能传统制造业之后，实现了制造业企业在本行业的头部化和利润提高，才会有生命力和未来。

3. 智能合约付费推动零售变革

5G 时代，在消费交易、数字资产交易（如音乐作品等非实物交易）和其他零碎的但对于信用要求高的交易中，智能合约技术能够发挥自己的作用。

区块链的成熟应用，对于带宽和算力的需求是巨大的。和 5G 技术一样，区块链技术也是耗能的大户，而且在某种程度上，比 5G 网络的能耗更加巨大。在计算机领域如果没有技术突破的话，单靠硅芯片来实现人类社会交易的区块链化，基本上只是一种愿景。

经过裁剪的区块链技术，只记录一些交易的关键节点，这就大大节省了算力成本和数据冗余。业界将一些经过裁剪的智能合约技术称为“伪区块链技术”。这也能够理解，一项具备远大前景的技术系统，在刚进入市场的时候，实现部分功能就不错了。

智能合约是一种旨在以信息化方式传播、验证或执行合同的计算机协议。智能合约允许在没有第三方的情况下进行可信交易，这些交易可追踪且不可逆转。这个术语是由跨领域法律学者尼克·萨博[46]提出来的。尼克·萨博在发表于网站上的几篇文章中提到了智能合约的理念，即“一套以数字形式定义的承诺，包括合约参与方可以在上面执行这些承诺的协议”。智能合约的目的是提供优于传统合约的安全方法，并减少与合约相关的其他交易成本。

智能合约是一种可以追溯的机制，可以进行复杂交易追踪，可以完成复杂环境下的交付。所谓复杂环境，不仅指人与人之间的交易，还包括人与人之间、人与机器之间、机器和机器之间的交易，这些都需要进行授权、认证和价值交换。

设想一个无人电动送货机器人行进在路上，需要进行充电，其网络能够找到最近的充电桩，但是充电桩其实也是无人值守的售电机器人，双方在不需要人干预的情况下，进行购电交易。这在未来 5G 场景中可能是最为简单的一种自动交易了。

但是这种交易数量可能是人与人之间交易数量的几十倍、上百倍。这些交易单个看来，是简单的，有些交易可能就是几分钱、几毛钱的事情，但是成千上万的这种交易就是智能社会中的日常。如果什么都是由人做决定和干预，那么人在一个一个鸡毛蒜皮的决定中就会崩溃。

私人充电桩在没有收到货币的时候，为另外一个私有的送货机器人提供电力服务，将是不可思议的。机器也提供了服务，也需要支付费用。机器的主人之间根本就没有碰面，但是机器却完成了交易。这种交易基于一个共识，就是双方主人默认这种交易，通过一种智能合约的方式，进行公平支付。

5G 时代，基于智能合约支付的平台会崛起，在这里，将产生很多真正的金融支付领域的变革。这种去除“中间人”的交易模式，可以完成股票、不动产、数字资产等任何一种具备商业价值的东西的交易。这样的交易不再需要律师，整个交易数据的关键节点都记录在案，并且和一个人、一个企业的社会信用系统相连，其追溯机制使得交易的任何一方在交易中如果违背合约，都可能受到社会金融领域的惩罚，而这种惩罚机制也会留下记录。在下一次交易中，交易参与者乃至交易机器会在价值排序中将信用数据低下者放在次要选择的地位，那些信用数据恶劣者，将被列入“黑名单”。

智能合约的本质就是将复杂交易网络中的人的信用数据进行精确量化，这是智能社会的基础工程。一个社会只有将人的信用量化出来之后，才能够建立信用社会。从某种程度上来说，智能社会就是信用社会。

在智能合约内容的设置上，上文提出的机器人充电这样的交易是自动执行的，信贷执法、保险业、零售业、金融服务、违约合同等，都可以使用智能合约来解决交易问题。

国内一些互联网平台型公司，如腾讯、阿里巴巴、京东、百度等，已经为 5G 时代金融行业的变革做好了充分的准备。腾讯公司创始人马化腾在扎克伯格发布自己公司的数字货币的时候就表态说：“对于腾讯平台来说，技术不是问题，主要看中国国内的政策方向。”同样的，阿里巴巴在数字资产交易领域也做了很多前瞻性布局，为 5G 物联网时代的智能合约在更多的复杂场景中应用找到先机。阿里云已经开始向客户提供基于智能合约的服务器以及交易模式。

智能合约系统也是 5G 时代及后 5G 时代的社会基础设施，这些合约可能我们感知不到，但是会逐步渗透进入生活的方方面面。在区块链的智能合约里，双方设定好某个条件，当这条件达到时，就会“触发系统自动执行”，比如付款、扣款、发货等。许多人在生活中，会把个人或家庭的水费、电费、燃气费、电话费、内容 App 的月费等，绑定在某个银行账户上，期限一到，不同供应商就按事前的“约定”自动把款从指定银行划走。若遇余额不足，系统会“主动”提醒用户，避免用户违约。

在我们面对未来做一些设想的时候，需要对智能合约的几个特点继续做深入思考，以使其匹配到未来应用场景之中：其一，智能合约有高效的实时更新机制，这跟 5G 相关，也跟算力相关；其二，能够精确执行，本来这就是一部按照算法进行工作的程序机器；其三，无法进行修改，人为干预风险少；其四，合约的监督和仲裁都由计算机来完成；其五，从算力和带宽的要求来看，现在运行智能合约的网络应用的成本并不低，大概是普通服务器设施的 10 倍，但是随着时间的推移，成本肯定会低于人工干预的成本，甚至低到忽略不计。上述这些特点，都会为未来应用场景提供巨大的机会。

智能合约产生的基础是新兴技术，而新兴技术代表的是新兴消费背后新场景的改造能力。新兴消费是需求特征，技术则是实现能力。

需求和能力交叉之后，能衍生出很多满足消费者的新交付方式，比如扫码支付、人脸支付等，交付方式能演化和重构出新的场景。当互联网巨头并购线下零售企业后，第一个动作就是从场景开始入手，用技术改造消费体验，用技术重塑供应链，如无人店、无人收银、智能购物车、刷脸购等。

这两种力量结合在一起的时候，零售的边界被拓宽放大，零售模式发生了很大变化。这种变化，使那些传统零售企业感到无力，因为玩法与过去完全不一样，甚至竞争对手都变了，就如康师傅、统一从来没想过，竞争对手不是今麦郎，更不是白象，竟然会是外卖平台。

这些新技术使得商家和消费者的关系正在从“买卖关系”升级成为“服务关系”，未来比拼的是深度服务能力，谁的智能合约更有利于用户和合作伙伴，更能给他们带来好处，谁的服务就会更好，也就更能吸引用户和合作伙伴进入自己的服务生态。

有专家认为，在不远的将来，中国央行有可能发行法定的数字货币。而中国央行在区块链领域的技术研发成果在全球排名第三，这说明在中国官方在面对战略技术的时候，是有准备的。至于应用，需要等到一些社会性的协同技术系统和基础设施达到一定覆盖面的时候，才会落地。一项重大的金融举措，执行起来需要不偏不倚，否则，很容易引起过度的投机和过度的流动性。

智能合约的普遍执行，将对新零售服务领域产生巨大的影响。其中，最重要的领域将鼓励社会数字资产的大量交易。这些数字资产，指的是软件和知识产权虚拟产品、虚拟娱乐产品和虚拟教育产品，这些数据化的产品和产品分销，都将借助智能合约，将价值在智能网络中充分分散出去，人人都是消费者，同时也是消费价值的分享者，这样就形成了一种新的协作型社区。

我们在看待商业的时候，总是将零售业作为一个价值节点看待，在 5G 时代，新零售实际上是整个价值链上的制高点。技术驱动毕竟在短期内带有一定的盲目性，但是基于新零售的需求驱动，则能够将创新驱动力和技术驱动力整合起来，这是一种更加合理化的商业流程架构。

总之，在 5G 时代，由于智能合约具备相当广阔的应用范围，且能够大大节省时间成本和人力成本，其应用，也将必然会成为大势所趋。

4. 5G 带来的教育革命

未来学者认为在人工智能时代，每一个人的终身学习都是一种义务。2019 年 8 月底，阿里巴巴创始人马云与特斯拉汽车公司和太空探索技术公司创始人埃隆·马斯克在上海做了一场辩论式的对话。在双方的对话当中，马云和埃隆·马斯克对于全球教育系统的低效是有共识的，认为一个人在教、几十个学生坐在教室内的学习模式“带宽太窄”，这种运作效率和学习内容的迭代能力都已经不再和时代匹配了。未来社会需要学生变成有创意的人，会玩、能玩好的人，标准工作留给人工智能，显然，现在学校的教育满足不了这一点。按照埃隆·马斯克的思考原则，最大的问题就是最大的机会。在教育领域内，变革是迟早要来的。马云未来的人生理想就是做一个引领型的老师，推动社会教育变革。

早在 20 世纪 60 年代计算机开始出现的时候，就有学者想用机器教学替代人的教学，甚至还有人提出了“学校消亡论”。互联网出现以后，更是有学者呼吁通过网络技术来颠覆当下的教育。在这方面，世界各国的努力程度和投入力度非常之大，远远超过商业与金融业。但是，一直到今天，教育并没有发生根本性的变化。甚至在教育领域，职业固化和利益固化是一件非常严重的事情。以至于苹果公司创始人乔布斯生前曾经提出了一个著名的“乔布斯之问”，即“为什么计算机改变了几乎所有领域，却唯独对学校教育的影响小得令人吃惊？”对于这个耐人寻味的问题，2011 年 9 月，美国前联邦教育部长邓肯给出了答案，他认为原因在于“教育没有发生结构性的改变”。教育如何跟上时代，引领未来，中国和美国未来的国运，都依赖于未来教育变革的速度和应对能力。

一般认为，信息技术在教育领域的应用可分为三个阶段。

第一阶段，是教学工具与教学技术的改变、教学模式和学校形态的改变。例如，电化教育、PPT 课件等都是工具与技术层面的变革，慕课、翻转课堂等是教学模式的变革。5G 在教育上的应用，也有这几个重要的特点。但 5G 时代协同技术的强化，使得教育进入“高度仿真的全息时代”，这是对教育行业深度的技术颠覆，意味着任何具备知识传授能力的人都能够进入教育领域，从斗蟋蟀到高精尖的技术创造工艺，都能够通过技术呈现在人们的眼前。

视觉是人类获取信息最主要的渠道，视觉边界的变化往往意味着认知边界的变化。在过去，我们曾利用望远镜、显微镜和数据可视化等诸多技术和工具拓展了视野。而今天，依托于 5G 终端以及芯片的支持，我们可以获得讲故事的新方式。

随着 5G 技术已经在一些城市的核心区域进行组网服务，有前瞻性的教育公司已经在布局这些虚拟现实教育的新系统了。

知名风险投资机构 IDC 发布的 2019 年中国智能终端市场十大预测中提到，在教育市场，2019 年已经至少有 20%教育用户开始考虑 VR 解决方案。

中央电教馆移动项目专家、教育信息化百家讲坛发起人马永纪认为，不同的视频画质在学习和沟通时给人的感受是完全不一样的，他说："感情的传达和沟通，此时 1 秒胜似 1 年。5G 的高带宽、高速度让人们改变了对网络的感觉，5G 至少会给在线一对一和一对多小班课以及双师课堂带来新的机会。"

无论你在什么地方，先进的 5G 网络和适当的软硬件，都能够将你带到现场。比如孩子们在上课，我们一起带上 VR 眼镜，就能够感受到三峡大坝的宏伟，感受到水电站的电力生成的流程……这些体验，传统教学是不能够赋予的。

第二阶段，是消费者连通性的变革。在 5G 时代，我们享受的不仅是更低的通信资费、更便捷的生活方式、更高的生产效率，最重要的是，能够以百倍于今天的下载速度，改变自己连通性。

第三阶段，是教育资源稀缺性减弱。未来不可逆的趋势是，数字化、信息化的普及，将带来教育成本的下降。马永纪说："之前炒得沸沸扬扬的高价学区房，归根结底是一种教育资源分配的不公。从 2G 时代的文字，到 3G 时代的图片、语音，到 4G 时代的视频，再到 5G 时代的延迟传输，意味着作为一个普通学校的学生，也会和其他少数能够考上清华北大的学生一样，实时获取到最优质的教育资源。"

5G 时代，对于教育系统来说，最重要的是学生和成人有自主学习和主动学习的愿望。优质教育资源变得唾手可得的时候，其实也是打破阶层固化的一种新方式。5G 在其他领域可能更加有利于资本和大企业，但是在教育领域，很多普通家庭的学子将能够以负担得起的成本来获得教育资源。优质资源的网络化、数字化，在全球都是一场趋势。一些教育企业和学校需要把握机会，在教育开放性和横向的拓展领域做好自己的工作。

具体来讲，在 5G 技术的狂飙猛进下，教育行业或将在这三个方向上有着巨大的市场变革。

一是“AR/VR+教育”将会再次被激活。基于5G技术，VR教育应用才会真正进入产业化阶段，产生刚性需求。VR将扩展更多应用场景：其一，可以创造出许多此前难以实现的场景教学，如地震、消防等灾害场景的模拟演习；其二，可以模拟诸多高成本、高风险的教学培训，如车辆拆装、飞机驾驶、手术模拟等；其三，能够还原历史或其他三维场景，如博物馆展览、史前时代、深海、太空等科普教学；其四，能够模拟真人陪练，如英语培训中的语言环境植入，一对一或一对多的远程教学，让学生与模拟真人进行对话。

再进行细分的话，每一个细分领域都能够孕育出亿万富豪和“独角兽”企业。大量的教育内容公司将能够在其中获得巨大利益。

二是人工智能应用场景再次深化。在5G技术下，人工智能将与物联网、大数据等技术互相融合发展，提供更加全面的数据采集和更加优化的算法模型，让人工智能模拟“人的思维方式”，更好地辅助学生学习、老师教学以及校园管理。

以学生学习来说：一方面，自然语言处理、自适应等功能可以快速帮助学生获取满足个人需求的课程，为学生提供精准教学；另一方面，技术创新必将会升级学习体验，视觉识别、语音识别等技术会进一步渗透到在线学习的各个环节，迭代出更加智能化的工具，实现学习过程中各个环节效率的大幅提升。

三是教育装备产业有望升级。由于技术的限制，多数教育装备对数据的采集停留在终端，数据之间没有互联互通，不同教育装备场景下的数据不能集中反映学生整体教育情况。而未来，5G技术普及，物联网成为发展趋势，学习所用的教育装备都将朝着具备“物联”性的方向发展。

从教育的历史来看，每一次技术的进步，都会推动教育的变革。但是，技术的革命究竟如何影响教育，在不同的时代也有不同的路径。在新的应用领域，中、美几乎是同步的。

2019 年，在美国纽约首个 5G 创新中心取得成功后，Verizon 公司宣布将在全国范围内再开发 4 个 5G 创新中心，每个创新中心各有侧重。在帕洛阿尔托的创新中心，资源将集中在新兴技术、教育和大数据的创新上。Verizon 还向大学和非营利组织发出邀请，就如何在 K-12 教室中使用 AR/VR 提出建议，为获奖者提供资金和 5G 访问权限。Verizon 首席企业社会责任官 Rose Kirk 在发布会上表示：我们需要改变许多学生的教育机会和生活轨迹。5G 技术将在课堂上开启我们甚至无法想象的大门，最终将赋予学生更大的成功、更积极参与的能力，并让他们接触高等教育和新的职业道路。

2019 年 6 月 27 日，世界移动大会在上海召开。中国移动集团在大会上举行了“5G 赋能教育・智慧点亮未来”的分论坛。论坛上发布的《5G 智慧校园白皮书》，提出了教育教学、教育管理、校园生活、雪亮校园、教育评价、5G 特色应用等六大智慧教育应用场景及解决方案，宣称将通过利用 5G、云计算、大数据、人工智能等信息技术手段，赋能智慧校园建设，标志着 5G 技术开启在教育上的应用。

知名教育专家朱永新[47]在其所著《未来学校：重新定义教育》一书中提出了把学校建成新型的学习中心的理念。充分利用 5G 技术背景下教育资源获取的便利性、即时性、共享性特点，对现在的学校进行重构，建立国家优质教育资源中心和新型的学分银行制度，打通学校与学校、学校与社会教育机构、学校与家庭的壁垒，创造“能者为师”“课程为王”的新的构想。

朱永新的构想和马云的教育理想是一致的，我们无法推倒学校的“围墙”，但是我们可以构建更加优质的教学内容，借助 5G 网络分享给中国边远地区的孩子，甚至全世界的孩子。让顺应未来的能力在学生内心里生长出来，使其成为人工智能时代的逐浪者。

第八章　5G 思维

科学停滞与技术突破

中国开放式创新：建立“人类命运共同体”

匹配商思维，建立更精准的社会

大规模横向脑力协同思维

1. 科学停滞与技术突破

在互联网时代，我们需要用互联网思维看世界，如今 5G 时代来了，我们就要用 5G 思维看世界。那么，5G 思维的本质是什么？就是从 5G 视角观察全人类、全世界，看 5G 是如何改变一个又一个垂直领域的。看 5G 时代时，我们要一只眼睛看通信技术本身，一只眼睛看世界。

技术发展都是通过非均衡模式向前推进的，一种先进技术在帮助人类解决问题的同时，也会带来新的问题。根据技术哲学的一般理论，世界上不存在一种终结性的技术系统。5G 技术也是如此。5G 推动人类社会从通信互联网转向物联网，解决了带宽以及实时性的技术问题，却让数据存储、算力和能源成为瓶颈。人类对于数据存储的需求接近无限，而现在的数据技术是通过收集关键信息形成一个分析结构，然后经过提炼和分析得到精确数据，可是大量没有经过深度挖掘的数据也具有价值，人类并没有完整记录现实世界的存储技术。

每一种技术系统都有自己的技术极限，这是工程技术领域的常识。人类在发展出一些新技术的时候，以为其会一直直线上升，是无止境的，但其实，每一类的技术系统都会遇到瓶颈。人类在未来的发展过程中，也会越来越多地遇到技术极限。这对于中国来说，也不是什么好事情。但是 5G 思维更加强调知识的横向融合，而不是继续纵向挖掘，比如电子技术领域的知识和生物技术领域的知识大融合，这是人类在应用科学领域新的研发方法论的典型应用。5G 思维需要一种跨专业的通才思维。

在智能社会早期，一些技术储备是可以发挥作用的，但是，如果要建立更加深入的“数字孪生”社会，就需要无限存储技术。提及大数据存储，目前最热的概念就是“DNA 存储技术”[48]。

2018 年，16 岁的法国男孩阿德里安·洛卡泰利就将《古兰经》和《圣经》的部分内容“抄写”进 DNA 中，并注入自己的大腿内。事后有人担心这种做法会影响他的身体健康，但洛卡泰利说：“除了大腿上有轻微的炎症之外，没有其他不适。”

近几十年来，各国的专家们都在研究 DNA 以防治人类的各种顽疾。鲜为人知的是，DNA 也可以用于存储大量人类信息。传统的存储设备如机械硬盘、SSD 固态硬盘等，寿命不过数十年，而 DNA 存储能保存数百年。此外，DNA 数据储存拥有更大的密度。

美国依然是该领域的全球领先者。北卡罗来纳州电气和计算机工程师詹姆斯·图克（James Tuck）说：“DNA 系统因其潜在的信息存储密度而具有吸引力：它们理论上可以存储数十亿倍于传统电子设备中存储的数据量。”3000 万张光盘的数据只需约 10 克 DNA 就能存储。如此一来，如果技术成熟，进入应用市场的话，我们就不需要为各种云存储服务产品的高收费、倒闭等问题而发愁了。

事实上，人类对 DNA 存储技术的研究从多年前就开始了。早在 2007 年，日本的生物学家就成功将信息植入枯草杆菌的 DNA 之中，那时一个枯草杆菌可以存储 20%的《圣经·新约》，数据保存时间也高达成百上千年。2012

年，哈佛大学的研究人员研发出“DNA 硬盘”，1 克 DNA 能储存约 700TB 的数据。2013 年，欧洲生物信息研究所（EBI）的高德曼（Nick Goldman）博士及其团队，成功将 2.2 个 PB 的数据存入 1 克 DNA 中。致力于永生研究的科学家将这种信息存储技术当成是未来机器人大脑的一部分。

除了相关的科研机构，各国的高科技企业也开始投入 DNA 存储技术的研究。例如，微软于 2016 年开始布局 DNA 存储技术，并利用 DNA 存储技术保存了约 200MB 数据。微软首席研究员卡林 · 施特劳斯（Karin Strauss）说：“微软有兴趣对基于 DNA 的端到端系统用于保存信息的技术展开研究。这样的一个系统将是完全自动化的，并可以用于企业数据的存储。微软开展这一项目的最初动机就在于当前的电子存储设备发展速度远远赶不上数据量的增长速度。如果你仔细研究一下调研数据就会发现，我们很快便无法在现有成本水平上保存所有的信息。”卡林 · 施特劳斯认为，在不久的未来，也许一个鞋盒大小的 DNA 存储介质就能保存 100 个大型数据中心的数据量。

我觉得人类对于未来技术的看法，需要一种量子思维方式，从 A 点到 B 点的中间路径，理论上是有无数条的，如果一条路走不通，我们可以换个角度，走另外一条道路就可以了。比如，我对于“摩尔定律”的失效就不以为然，因为每一种技术都有替代技术。每当看到一种技术局限的时候我就会引入大历史观。一旦横向思维一展开，就会发现路径还有很多，追随和超越可以同时进行。

除了微软，很多高科技技术公司都在研究 DNA 存储技术，并取得成果。2019 年 7 月，美国初创企业 Catalog 就对外表示，其已经成功把维基百科英文版数据存入 DNA 链上。这些全球性大企业在布局未来技术领域时，从来都舍得花大钱。

对于这样的未来技术，华为也没有缺席。中国人在生物技术领域的深厚研发能力，在这里能够派上用场。华为早已斥资投入DNA存储技术的探索，华为董事战略研究院院长徐文伟说："一个立方毫米DNA就可以存储700TB的数据，相当于70个今天主流的10T硬盘，按照这样测算，1千克的DNA可以存储今天所有的数据，容量达到惊人的程度。写数据的过程是基因编辑，读数据的过程是基因测序。但是，今天基因存储离商用还非常遥远，因为数据读写的速度还非常低，比如，写5MB的数据需要4天时间，这就需要我们发掘新方法和新技术来突破这些瓶颈。"

DNA存储技术很有前景，它运用了一种编码技术，能让DNA存储效率提升60%，还能有效减小DNA存储过程中的出错率，实验表明，把数据输入DNA只需要不到1秒钟的时间。所谓DNA，说白了只不过是4种核苷酸（nucleotides）排列组合的结果。我们只需要把这些核苷酸和数据一一对应即可。DNA存储的原理，其实和硅存储的道理是一样的简单。但是实现起来还是有很大的难度，而且在成本领域还未降到工业应用的可负担成本。

"摩尔定律"趋于极限，经典计算机的计算能力已经到达瓶颈阶段，而建立5G虚拟世界需要更大的算力技术，人类需要一场计算革命。

继电子管、真空管、继电器、晶体管、集成电路之后，人类社会出现了第六种计算范式——量子计算。量子计算具备模拟真实宇宙的超级算力，这是不是人类未来的终极性计算技术，还不好下结论。但是一旦量子计算机应用成熟的话，我们必将会进入一个剧烈变革的新时代。虽然社会学者每隔十年二十年就会标榜自己的时代与过往不同，并且定义为"新时代"，但是量子计算带来的革命，应该会超越"工业革命"给人类带来的颠覆性变化。IT博客专业人士说："如果可行，量子计算机的发展将标志着计算能力实现质的飞跃，其性能会提高亿万倍，远远超过从算盘时代到现代超级计算机所加起来的计算性能。"

大数据存储和数据调用需要消耗巨量的能源，5G 基站网络也会耗费巨大的能源。现在的人工智能系统需要数百个甚至上千个 GPU 来提升计算能力，系统的硬件机柜非常大，还很依赖相配套的硬件机房，而大型的人工智能硬件系统可能会有半个足球场那么大，这会限制人工智能的进步。随着 5G 技术的不断发展，数据会呈指数级增长，但以 CPU 或者 GPU 为基础的数据中心根本无法满足海量数据的需求。

量子计算作为革命性的替代技术，其原理也很简单。一个量子形象来说就是一个能量子，是一份一份存在的，不再是宏观世界里的线性连续变化状态，要么是这种能量态，要么是那种能量态。在宇宙间，任何两个具备稳态的物质运动模式均可以用来进行计算和信息存储。量子纠缠叠加原理，就像数字排列组合的可能性一样，少数叠加了的量子态就可以完成天文数字的计算。庞大的计算集群，在理论上只需要一台量子计算机就够了。

腾讯创始人马化腾对于中国量子计算领域的布局感到担忧，他认为，在经典计算机领域，这种均衡格局已经形成，一旦美国获得了量子计算机领域的突破，所有的经典计算机网络就成为完全没有设防的城堡。马化腾将率先完成量子计算领域布局的国家和企业称之为“量子霸权（quantum supremacy）”[49]。实际上，我也认为，这些霸权一旦展示出来，将比历史上所谓的“石油霸权”影响更为深远。目前，谷歌、IBM 等公司已经研发出量子处理器，并自信地认为未来几年内就能实现“量子霸权”。

量子计算成熟的速度可能比 DNA 信息存储来得更加迅速。目前，美国企业围绕着量子计算领域，已经开始了早期的市场商业应用。2019 年年初，IBM 推出了全球第一台也是唯一一台独立量子计算机，名称为 IBM QSystem One。IBM 研究院的首席操作官达里奥·吉尔（Dario Gil）说，这台量子计算机的诞生“具有划时代的意义”。到目前为止，IBM 只通过互联网出租的方式向客户出租这些硬件，客户付费之后，就能运用量子计算来处理公司的内部计算。

人们对于每天的技术进展报道大概已经麻木了，似乎量子技术不过是千万种技术进步中的一种而已，根本没有意识到这些事件背后的革命性。5G 时代会因为有量子计算系统而更加具备飞跃性加速的能力。

中国的光量子计算机在 2017 年就诞生了，也达到了接近应用的水准。就在 2019 年 8 月，中国学者开发了 20 个超导量子比特的量子芯片，并操控其实现全局纠缠，这就意味着叠加纠缠态已经具备了一种庞大的算力能力。这是超导固态量子器件，芯片不大，就如 20 世纪 70 年代的 CPU 一样，具备广阔深远的发展空间。

在各国的努力推动下，未来五年内，随着 5G 技术的逐步普及，量子计算很可能让人工智能的移动化成为现实，例如无人机智能系统、车载智能系统等。量子计算初创公司 IonQ 首席执行官皮特查普曼（Peter Chapman）说，量子计算机可以以人工智能为基础开发出一款数字助理，这项技术能够拥有上下文感知能力，可以与客户进行正常的沟通与互动。

对于 5G 而言，中国网络上有一段评论是比较中肯的，认为："5G 并没有诞生革命性的技术，完全是走暴力堆砌的道路。打个比方就是道路的车速上不去，就建 64 车道、128 车道来提升运输能力。然而，这种做法会大幅增加运营商基建成本。"

爱因斯坦说："我们面对的重大问题永远不能在产生问题本身的层次上被解决。"我们想突破通信行业目前的技术瓶颈，就要打破固有的思维、路径以及框架，突破基础理论，以 5G 思维探索新的发展空间。

显然，5G 技术在一开始应用的时候，并不完美，也不是革命，但它真的可以促发革命。悲观主义者认为技术停滞会带来困兽之局，实际上是因为单项技术的产业革命已经过去，未来的发展是一种横向革命，即多种技术纠缠叠加而形成一个新的社会形态。

2. 中国开放式创新：建立“人类命运共同体”

5G 时代，中国人所要做的事情和过去不同，现在主要思考的是创立新结构，建立新的可持续的发展框架，寻求有机增长，而不再是简单的叠加式发展模式。以质量为主，有量更有质。

中国在开放式创新的过程中，即使抱有一颗赤子之心，面对外界的误解和烦恼也不会少。在改革开放之初，有一句话我是有深刻记忆的：中国的发展是建立在全世界一切优秀的文化发展成果之上的。现在想来，说的就是开放式创新，过程创造更加需要开放的心境。真的这么干，那么未来一定可期。

既然要走创新之路，就一定要开放。所以，中国人提出“人类命运共同体”的概念。很多人对此耳朵都听出茧来了，但是不一定理解这个概念背后的深刻意义。一个好的观念，可以向未来释放能量，这个能量体系可以是 500 年，也可以是 1 000 年，成为大部分人共识的时候，就会成为现实。另一个现实是，中国人已经几百年没有做过全局性观念引领的事情了。

正所谓“人间正道是沧桑”，合作共赢的事情，遇到的阻碍可能是最多的。原来拥有优势的竞争者习惯了自己的主导地位，对于中国的开放合作姿态是无法理解的。这种误解，基本是无法避免的，而化解误解，可能需要几代人的时间。

其实，开放式创新和开放式竞争在某种程度上是同一个意思，中国的商业思想者已经意识到中国必须参与全球竞争。所以 5G 时代是一个机会，意味着中国人开始拥有建造“全球共享性工作平台”的潜力。但是改变的路途是漫长的，即使在信息随手可得的 5G 时代，我们依然会遇到不同文化之间的冲突。这些冲突是高于市场本身的，在文化惯性的范畴里。

经济学的主要创立者亚当·斯密（Adam Smith）说：“一个事业若对社会有益，就应当任其自由，广其竞争，竞争愈自由、愈普遍，那事业就愈有利于社会。”这句话放在经济全球化深入发展的今天也依然很有意义。但是在科技领域，引领全球科技发展的美国却高举技术霸权的旗帜，以各种方式打压其他国家的科技发展，以“只许自己强大、不许他国进步”的心态挤压国际合作空间。

自 5G 技术问世以来，以美国为首的西方世界就开始频频针对中国发难，从对中国的商品提高关税，到对中兴、华为等企业出台禁令，再到“盯防”中国的人工智能技术等，美国已经对中国掀起了一场技术冷战[50]。特朗普就曾经说：“在 5G 战场上，真正的较量处于中、美两个经济超级大国之间，谁在未来 20 年拥有技术优势，谁就能胜出。”

在未来 30 年甚至 50 年之内，中美即将面临一场全面的技术冷战。这意味着，在关键战略层面进行协作的良好的中美关系已经不复存在，中国人必须接受这一现实。

美国打击中国的方式主要有两种：一是防止技术尤其是高端技术出口至

中国；二是防止中国企业进军西方市场尤其是高科技市场。新加坡国立大学东亚研究所所长郑永年说："西方总是把技术进出口置于西方'国家安全'的概念构架中去认知和讨论，明显表明西方把经济和国家安全绑在一起。一旦冷战爆发，西方在这方面的动作会更大。尽管中国发展到今天这个水平，西方怎么做都难以围堵和中止中国崛起，但必然会拖慢中国崛起。"

世界各大知名媒体都对这场技术冷战表示担忧，认为它很可能"将世界分成两个经济阵营"。为此，有专家提出要尽量避免中美发生科技冷战。《悉尼先驱晨报》表明，"我们不想要一个分裂的世界，在那个世界中，你我被迫选择 A 队或 B 队。"

英国《卫报》表示，随着英特尔、高通等企业拒绝与华为合作，中美之间的贸易争端很可能发展为一场全面的科技冷战。

此外，中国的人工智能、无人机系统等也让美国警觉。美国国土安全部就告知美国企业，中国的无人机会破坏美国企业数据，并敦促美国企业"了解无人机系统数据是否被供应商或其他第三方存储"。

俄罗斯科学院安全问题研究中心专家康斯坦丁·布洛欣说："对于特朗普政府而言，遏制中国的高科技发展是优先任务之一。因为在经济上制约中国相当有难度，在军事、政治领域也是如此（可能产生不可预测的后果）。因此，美国打算阻碍中国的高科技发展。"

美国百年兴国的秘诀就是开放式创新。对于中国人来说，一个重要的历史课题在于避开美国最后的锋芒。正如巨型恒星在进入生命晚期的时候，会变成红巨星，会出现猛烈的喷发。这可能是摆在中国人面前长达 50 年的逆境。5G 时代，是中国发展进入并跑并超越的时代，这个时代不是三年五年，而可能是三五十年，所以我觉得 5G 思维里一定需要一种战略耐心：既然时间在中国这一边，就不要怕路远。很多短期内看到的非战略问题，都可以放在“五百年，王再兴”的时间框架里去解决。

在整个人类史上，美国是一个很特殊的国家，美国的繁荣其实是建立在亚欧大陆相对不强大、被分化、持续人才收割和持续金融收割的基础之上。“人类命运共同体”符合几十亿人的根本利益，但是和美国的战略利益却是有一些对冲性的。

我觉得 5G 时代是人类历史分合的一个转折点，全世界和合的量化和分化的力量正在进行一场时间竞赛，而其中的关键就在于谁能够做发展引领，给几十亿人提供一种可持续的、环境更好的发展道路。很多人对于国内环保体系的严格监管进程不太理解，但其实只要将这件事情放在更大的地理环境中思考，就会有自己的答案。

中国企业家也是很清醒的，在未来战略大方向上，他们认识得非常清楚。任何技术霸权都是有碍于人类总体技术进步的，无论是美国还是中国，都不应该执着于掌控技术霸权。

虽然美国在 5G 技术领域对中国企业进行一连串的施压，但中国方面依然保持着冷静。任正非说：“我们不能使用民粹主义，这是害国的。因为国家未来的前途在‘开放’。”他还说，“要拥抱世界，依靠全球创新。”

引领就需要生生地创出一条路来，我认为在可预期的未来，“实力治理”在全球的治理过程中还将是主要的运行逻辑。和美国共舞的时代，我们摆脱不了“实力治理”的大框架。中国最主要的进取方向就是努力创新，成为全球创新的引领者。在拥有优势技术的基础上，我们才有可能在全球的知识领域和技术领域创造一个公平的环境，推进更多的全球合作和社会合作，为全球知识传播和应用创造一个公平、公正的环境。

对于全球进入技术冷战时代，很多人还是有战略预期的。比如澳大利亚财政部副部长梅根·奎因说：“技术战争和贸易战争是绝对有可能发生的——显然我们已经看到了。”他说，“但这不是未来的唯一道路，我们有责任确保它不会完全偏离轨道。”

面对美国挑起的技术冷战，我觉得放弃不切实际的幻想是最佳的方式，从最坏处去思考，从最好处去努力。这需要成为一种思维方式，而不仅仅是权宜之策。面对这样的局面，需要在战略上重温毛泽东的《论持久战》，也需要加入新的时代含义，发展出“全球化时代的论持久战”。

3. 匹配商思维，建立更精准的社会

未来价值最大的公司可能不是生产者，而可能是创新者和价值匹配者。

在 5G 时代，需要一种“匹配商思维”来解决价值传递的问题，即在大数据里找到自己的精准数据，然后展开精准的价值传递。5G 时代和 4G 时代相比，可能数据要继续膨胀几百倍甚至上千倍。我们正在从“数据之海”进入“数据之洋”。

5G 改变世界的一个主要方式，就是让海量数据在全球汇合。现在，中国的今日头条是匹配商思维，阿里巴巴是匹配商思维，很多大企业也是价值匹配思维。这种价值匹配的模式，对于企业平台的要求非常之高，因为它需要有完整的工业互联网的数据，也需要有完整的消费者数据。未来主要的竞争方向，就是谁能够把握最完整的数据，并且完成任正非所憧憬的未来——世界共享一朵数据云。

大数据从概念经济到获得主流资本市场的集体认同，也就是几年时间。5G 的到来将会让万物实现智能互联，而大量的物品接入网络后，必然会引起

巨大的数据“海啸”，而巨大的数据蕴含着巨大的商业价值。港交所行政总裁李小加说：“数据和资本已经很近了。”北京邮电大学网络智能研究中心主任廖建也说：“数据本身价值有限，只有通过数据分析挖掘技术，从海量数据中提取有价值的内容信息，才能为企业和社会开启更多价值，推动效率和数据变现。”

既然大数据如此重要，那么在未来，大的企业平台不仅要有制造业设施，还要建立自己的“端、网、云”一体性系统，获得、挖掘、利用海量数据。“端”就是自己的产品。在 4G 时代，智能终端指的是手机，而在 5G 时代，几乎所有的产品都会变成一种端，哪怕是马桶盖、烟灰缸等小物品都会被接入网络，成为智能设备，并获得一个人的相关数据。“网”就是网络。当企业的产品和产品之间构成一个知识网络，就能对人群的大数据进行跟踪，并且对相关数据进行分析。“云”则是数据中心。这里聚集了几千万、上亿用户的数据，而这些数据能够为企业的横向扩展提供战略基础。任何一个一体化的系统都是大数据云，这些大数据云是企业最核心的财富，而这些财富是下一个时代最值钱的资产。

阿里巴巴娱乐战略委员会主席高晓松对 5G 技术推动的大数据时代有一段生动的描述。他说，在 5G 时代，我们会生活在一个拥有很多智能硬件的环境中，“只要你回家往沙发上一坐，我就知道你每天都在做什么，你的喜好是什么，你的生活习惯是什么等。”在高晓松看来，到那时，即使没有 App，智能硬件也能主动获取用户的个人数据，而大数据统计技术会将这些数据进行处理，从而描绘出一幅精准的用户画像。高晓松认为，5G 的本质就是一个超大的数据体系，而我们每个人、每件物品都在这个数据体系之中，彼此紧密相连。

计划经济曾经是一种理想，在实现中遇到市场需求的不确定性，原因在于消费市场和生产市场是分离的，尤其在供给市场，都是通过评估甚至靠直觉在决策。这种决策模式在现实中可能就是一场灾难。因此，5G时代，我们可能会面临一场观念革命。

匹配商思维就是建立在精确的大数据基础之上，对于消费者需求的精确瞄准能力，使得供需双方能够获得精准的供给和需求的匹配。这种匹配不会带来经济领域的疯狂增长，这和历代的产业革命不同，历代产业革命都带来十倍甚至数十倍的规模增长，但是匹配商思维带来的是一种经济结构的根本性改变，市场已经主要是商业和工业互联网领域的供应链管理，在供给和消费之间，这种靠直觉决策的黑箱正在逐步改变颜色，变成一种灰色，然后逐步转化为透明的形态。

在5G时代，“按需经济”会得到更好的发展。所谓按需经济，就是“围绕有潜在劳动能力社会成员的实际需求进行生产经营活动的经济模式”，也有“订单经济”“按需生产”“管控经济”等别称。简而言之，按需经济就是商家根据市场的实时需求，向市场提供数量、特色都更精准的产品。这种经济模式既能帮助商家获取更大利润，也能让消费者享受更好的服务，促进市场良性发展。

按需经济一方面尊重市场自由竞争，一方面又通过大数据帮助商家做出更准确的市场决策，是对计划经济和自由市场经济的升华。由于这种模式促进了社会资源的优良配置，还对建立资源节约型社会大有裨益。

在没有超大数据和人工智能决策机制之前，人类最大的浪费就是为错误的产业投资买单。事实上，很多创业企业的死亡与缺乏大数据支持密切相关。全球知名创投研究机构、风险投资数据公司CB Insights对数百个失败的创业企业进行数据分析，发现在几十个造成创业企业死亡的主要原因中，“缺乏市场需求”这个原因占比超过了40%。这就说明，很多创业企业都死于缺乏大数据支持，无法有计划地、精准地满足用户需求。

例如，美国的一家移动社交网络软件供应商 Dodgeball，成立于 2000 年，当时公司宣布正式成立之时，市场上还没有出现“移动社交”的概念，加之智能手机还未诞生，因此用户少得可怜。苦苦撑了 5 年后，这家公司还是被 Google 收购了。

再如，曾红极一时的宠物服务网站 Pets.com，创办于 1998 年，虽然当时互联网经济已经发展起来，但很多人还不习惯在线上购买各种宠物产品，而且当时物流还不够发达，运费较高，Pets.com 很难提升自己的利润。在缺乏市场需求、成本较高的情况下，这家公司只经营两年就关闭了。

事实告诉我们，掌握大数据对企业经营至关重要，可以保证企业做出更全面、更迅速、更准确的市场决策，节省投资、提高收益。麻省理工学院的一项研究表明，大部分以大数据为参考做出决策的企业，其生产效率要比其他企业高 4%左右，利润也要高 6%左右。

在没有大数据参考的情况下，商家对市场方向的把握只能靠猜测，猜对了公司就前进一步，猜错了公司就可能一蹶不振。5G 到来后，我们进入了新计划时代。所谓新计划时代，就是商家、个人等都可以依据大数据对自己的经济行为做出更合理的计划。这是因为，在大数据的帮助下，每个人在任何时间、任何地点的实时需求都被分析得十分透彻，市场需求和供给能够得到精确匹配，就可以做出更准确的市场决策。简而言之，商家要利用大数据建立起匹配商思维，为客户提供精准服务。

例如，2018 年，ZHO 共享纸巾就通过对 ZHO 共享纸巾机的用户数据进行分析，打造出一款与用户需求精准匹配的广告。这款广告通过最恰当的载体、以最恰当的方式、在最恰当的时间展示给最恰当的人，不但减少了广告投资浪费，还抓住了老客户以及潜在客户的心。

商家对大数据进行挖掘、分析，并做出精准商业决策的故事有很多。例如，在美国的一家沃尔玛超市内，啤酒和尿不湿是放在一起的。不明就里的人吐槽商家这种摆放商品的行为十分可笑，但这种营销方式却让这家超市的啤酒和尿不湿都销量大增。原来，沃尔玛超市的管理人员做过数据调查，发现购买尿不湿的人通常是当地的男士，他们下班回家后会根据妻子的要求在超市购买合适的尿不湿，然后顺便为自己买几瓶啤酒。为此，超市的管理人员才特意将尿不湿和啤酒放在一起，既方便消费者选购，也提升了这两种商品的销量。

无独有偶。电商淘宝经常在晚上 12 点推出“秒杀”活动，因为淘宝做过数据分析，发现客户们大都在中午和晚上上网，而且晚上上网的时间比较长，到 12 点左右才会关上手机休息。为此，淘宝便在晚上 12 点推出促销活动，提升销量。

拥有大数据之后，商家在做商业决策时就能做到知彼知己、百战不殆。5G 技术带来的大数据为商家描绘了用户画像，让商家能够准确找到目标用户，并根据用户的喜好生产更具特色的产品，收获用户的心。

由此可见，5G 技术带来的大数据会让人类社会发展成为一个极具个性化的时代，一个能够实现“按需分配”“私人订制”的时代。

4. 大规模横向脑力协同思维

大规模的脑力协同，需要一些新的沟通技术和制度安排。这触及到了未来几十年企业组织管理的本质。

企业价值的创造，越来越依赖于知识工作者的工作效率。过去的管理，依赖于少数杰出天才的创造，我们现在面临的问题是，如何让更多的人完成之前只有天才才能够完成的工作，让杰出的创造也能够成为一种常态。

在知识超级大融合的时代，个人创造者已经遇到了极大的知识总量的瓶颈。任何创新和创造，都需要建立在更大的知识底座之上，从来就没有闭门创新这样的事情。

“大规模横向的脑力协同管理模式”是比较早的案例，体现在谷歌早期的管理实践当中。谷歌的管理思想一直就是搭建“杰出人才无间的协作网络”，在实践中，杰出工程师和杰出科学家能够在项目上自由搭配，形成一种新的知识融合体系。这些协作，使得谷歌在几百个关系到人类未来的项目中，获得了新的知识成果。

我们可以将谷歌公司看成是一个知识协作体。谷歌是一个高智商人群集中的公司，能够进入该公司比进入哈佛大学还要难，管理者期望这些人在一起紧密碰撞，然后获得引领性的知识成果。谷歌可谓美国创新管理领域的“战略实验室”。

中国的企业管理也已经遇到了同样的问题，中国人在横向知识协同方面还很少有像谷歌那样杰出的管理案例。不过，创新集群和创新生态化在中国已经成为管理的常识，创新型企业家已经意识到人与人的融合才是知识生产的新源泉，并且为此做出了积极的探索。

例如，艾娃机器人是神州云海智能科技有限公司研发的系列产品，有导览机器人、清洁机器人、巡检机器人三大系列。沈剑波是艾娃机器人的“家长”，是神州云海智能科技有限公司执行董事。他说，之所以将公司从安徽迁到深圳，是因为深圳具备其他城市没有的机器人产业链效应优势。

除了汇聚众多 AI 人工智能企业外，华大基因、大疆创新、华为等高新技术企业也都成为行业的“领头羊”。每一家企业，都浓缩了深圳这座“创新之城”对于创新的渴求与努力。事实上，为了角逐世界领先技术，深圳正在花大力气“增强源头创新能力”。目前，深圳共有国家级、省级、市级重点实验室和工程实验室、工程中心、企业技术中心等创新载体一千多家，各类专业人才的聚集在国内处于前列。以南方科技大学为例，其五百多位教师中有 90%以上拥有海外工作经验，半数以上毕业或曾任职于世界排名前 100 名的大学。导师和学生的配比大约为 1∶8，每个书院平均有两名院士作为导师和学生定期面对面交流。导师对学生的指导也不仅仅局限于学业，还包括学生的生活、对未来发展的规划等。

如果我们将深圳看作是一个谷歌公司，这种人才和智力资源的聚集就能够理解了。深圳面临的问题是：如何在 5G 时代到来的时候，构建一个超大的融合性的新制度，以促进中国人的技术创新。目前能够找到的比较优质的解决方案是专业智能云。这是 5G 时代的知识管理任务，并且将成为管理的核心部分。5G 能够打造企业的知识融合引擎、知识云、知识分享机制和收益模式，探索人工智能和人的知识创意之间的协作模式。

深圳这个城市，正在成为全球知识融合的中心城市之一，我们能够从深圳现在的开放式创新实践，看到未来的知识和人才大融合的发展趋势。例如，深圳前海自贸区毗邻香港，在积极推进深港人才交流合作机制方面进行了重大创新：率先取消港澳居民就业证制度，允许拥有香港执业资格的专业人士自由执业；港澳居民在前海可以缴纳公积金；推动注册税务师、会计师等十多类香港专业人士在前海执业等。一系列政策，让人才既来得了，也留得住。

“皇冠上的明珠：欢迎到硅洲。”英国《经济学人》杂志发表题为《深圳已成为创新温室》的文章这样评价深圳，“深圳正在改写世界创新规则、培育一批影响世界的创新型企业集群，据此给深圳冠以‘硅洲’称号。”

得益于多年在科技创新上的聚焦发力，目前深圳的国家级高新技术企业已过万家，大量创新型企业上市。这些企业大都在世界范围内寻找适合自己的各类人才，而华为是其中最知名的一家。

华为澳大利亚董事会主席约翰·劳德（John Lord）说：“大学和科研机构是华为重要的开放合作伙伴，是华为基础技术的来源和平台创新的重要支柱之一。与大学和科研机构合作，进行开放式的创新，成为华为重要的战略性选择。”他还说，“华为与学术界的合作是一种伙伴式的发挥各自优势的不断进行技术创新的过程。在合作过程中，知识进行了有益的双向流动。华为获得了学术界的基础技术，专家学者也得到了工业界的大量隐性知识。根据创新理论分析和实证调查发现，工业界合作对于学术研究，也有正面意义。”

华为创新研究计划的前身为 1999 年设立的“华为高校基金”。2010 年，为丰富“一切以创造价值为基础”和“创新驱动发展”的理念，扩大价值创新内涵，华为进行了更名。在华为创新研究计划中，华为投入了包含公司Fellow 级专家在内的大量高端研究资源，提供产业洞察，明确真实环境约束条件，对技术方案进行全面而深入讨论；提供实现与验证环境，实施项目管理，帮助技术创新转换为价值。华为创新研究计划累计已覆盖全球数十个国家的数百所高校，在全球范围内资助超过数千个创新研究项目，其中亚太区覆盖澳大利亚、韩国、日本和新加坡等国；两位诺贝尔获得者、一百多位 IEEE 和 ACM 院士以及全球数千名专家学者参与其中。

2018 年，华为已开始与有研发潜力的俄罗斯高校进行合作，并在莫斯科、圣彼得堡、新西伯利亚和下诺夫哥德罗市建立了代表处。

喀山联邦大学负责创新研究的副校长德米特里·帕声称，华为在 HIRP 计划下提出了 140 个合作研发项目，涉及光学技术、无线通信技术、大数据、人工智能、数据存储、软件开发等。他说，从 2018 年开始，喀山联邦大学就开始了与华为的合作，其中一个项目与人工智能相关，另一个项目与导航和通信系统有关，第三个项目与量子信息学领域有关。

“遗憾的是，我不能谈论合作研发的领域，因为这是一个商业秘密。”莫斯科钢铁合金学院（国立技术研究大学）主管科学与创新的副校长米海尔·菲洛诺夫说，近年来，华为不断加强与学院的合作，不久前，学院与华为举行了一次大型研讨会，华为公司的欧洲代表和莫斯科员工都参加了会议。

而莫斯科国立鲍曼技术大学信息学和管理系统研究中心负责人安德列·普罗列塔尔斯基称：“我们正在与华为在教育与研究方面进行合作，与之建立的联合教育与研究中心将于今年开放。”

有专家称，尽管俄罗斯高校与华为之间的大规模合作刚刚开始，但俄罗斯一流大学已经长期以这种形式与中国公司合作。

圣彼得堡国立大学国际事务负责人德米特里·阿尔先叶夫称，圣彼得堡国立大学自 2013 年以来一直与华为进行合作，目前正在算法开发领域与华为开展合作。“最近，我们确实在扩大合作领域，比如吸引其他工业合作伙伴，讨论能源项目等。”

托姆斯克国立大学也是一所与华为进行长期合作的俄罗斯大学。该大学应用数学和计算机科学研究所所长阿列克桑德尔·扎米亚京说：“我们已经在几个领域与华为合作了很长时间，我们还可以在 AI、无人驾驶、高级模式识别算法领域进行合作，并愿意与华为开展联合研究，希望能签署真正的合同。”

该大学工程信息技术与机器人学院院长德米特里·松金说：“2018 年，我们就获得了华为信息通信学院的独家技术资料授权，这意味着，我们的学生和教师可以公开获取独家技术资料。我们看到，华为对大数据、模式识别和预测分析等领域的联合研发感兴趣。”

此外，华为还持续在全球范围内大规模招聘高技术人才，其中还有一些“天才少年”。对此，任正非在 2019 年 6 月 20 日的一次讲话中说：“今年我们将从全世界招 20 名至 30 名天才少年，明年我们还想从世界范围招进 200 名至 300 名。这些天才少年就像‘泥鳅’一样，钻活我们的组织，激活我们的队伍。”

其实，无论硅谷还是硅洲，无论是地方城市还是企业，无论是谷歌还是微软、IBM、Facebook 等全球最顶尖的企业，它们能保持核心竞争力和市场领导地位的关键，都离不开大量人才的支持。在未来，谁能通过各种诱人的条件吸引人才、留住人才，谁就能通过人才进行全球顶级知识管理，进而赢得竞争的胜利。

第九章　新的社会病和冲突

"精神鸦片"战争：虚拟世界 VS 现实生活

5G 时代的战争新样式

信息时代将是少数人胜出的社会

技术依赖症和独立性的丧失

1. “精神鸦片”战争：虚拟世界 VS 现实生活

2018 年上映的电影《头号玩家》（*Ready Player One*）讲述了贫民窟中的人以虚拟竞技为业，在游戏中虚度人生。有人认为，这部电影好比“一部大型 VR 游戏宣传片”，既向人们展示了未来社会的样子，也警醒人们要区分现实生活和虚拟世界。

天线与微波技术专家薛泉先生说：“在 5G 时代，人们可以坐在家里用虚拟的方式，完成工作、交友、娱乐、旅行等现在必须要身体力行才能完成的活动。”他还说，“在 5G 为你营造的虚拟世界里，你可以是皇帝，也可以是将军；你可以是奥运冠军，也可以是天王巨星；你可以是富豪，也可以偶尔体验一下乞丐生活。如果沉迷在 5G 营造的虚幻世界里，你的生命可能会被彻底地虚拟化，这和毒品世界也就没有太大的区别了。”

例如，随着 5G 技术的发展，虚拟现实和电子游戏的结合将会更加紧密，加上触觉系统的升级，使得电子游戏的体验性越来越好。如今，玩虚拟游戏已经成为一种时尚，但是面对青少年对虚拟游戏的热衷甚至沉迷，教育工作者们忧心忡忡。

中国政法大学传播法研究中心副主任朱巍说："一定会有孩子以高校开设课程、未来就业方向等理由，拒绝放下游戏好好学习的规劝。或者误认为玩游戏就是学习，电子竞技就是体育，变本加厉地沉迷其中。"

新加坡一位教育专家曾指出，沉迷虚拟游戏会影响孩子的脑部发育等，让孩子易冲动，做事不顾后果。美国教育心理学家简·海丽也说："如果你看到孩子们在玩电脑，大多数都是在尽可能快地敲击键盘或移动鼠标，这不禁让我想起神仙迷宫里的老鼠。"简·海丽认为，游戏会让儿童的注意广度缩短，损害孩子的认知能力。

虚拟现实游戏对人的大脑具有一定的塑造能力，倘若一个人在青少年时期被超级逼真体验的游戏长期塑造，他很可能出现类似于毒品上瘾的相关病理特征。

中科院武汉物理与数学研究所磁共振基础研究部主任雷皓一直在关注青少年游戏成瘾的问题。他说："当人们沉浸于虚拟世界中的战斗时，很多大脑指令的发出都是本能的，没有经过思考和判断。"他还说，"人的大脑额叶皮层一般要到23岁至25岁期间才能完全发育定型，而网游上瘾将干扰这个脑区的正常发育以及它所负责的执行控制功能。"他认为，倘若青少年沉迷于网游，将会对个人成长造成一定伤害。

现实生活中不乏这种事例。例如，一个男孩在玩手游的过程中，母亲突然拿走了手机，男孩立即产生强烈的剥夺感，变得暴跳如雷，甚至对母亲拳打脚踢。网络游戏带来的沉浸式体验使得很多青少年尤其是男孩失去了与现实世界友好相处的能力。

美国社会心理学家亚伯拉罕·马斯洛将人类的需求划分为五个层次，分别是生理需要、安全需要、社交需要、尊重需要、自我实现需要。按照马斯洛的需求理论，人类的需求应该是从低到高逐级进阶，但青少年在抵制游戏沉迷方面的脆弱性，改变了马斯洛理论架构，他们从生理需求直接跳级进入虚拟世界、实现荣耀体验，对于现实社会中的艰难攀爬和奋斗之路则置之不理。

美国心理学家菲利普·津巴多在《雄性衰落》一书中提到，“男孩因为沉迷网络游戏而逐渐失去男性的阳刚之气。”他说：“男孩们和小伙子们，终日在互联网平台上流连忘返。他们对这些新科技的成果上瘾之时，就会觉得生活中其他任何事情都淡而无味、没有价值、无关紧要，比如学业成绩、体育运动、工作、跟自己的朋友闲逛、跟女孩约会，甚至谈恋爱都提不起兴致。新科技伤害了他们的人际交往能力，甚至损害了他们的性能力。”

为了改善网络虚拟游戏给青少年尤其是男孩造成的诸多不良影响，世界卫生组织于2018年6月19日把“游戏成瘾”列入精神疾病，并通知世界各国政府，将“游戏成瘾”纳入医疗体系。

国内的网友们给手游、网游等虚拟产品起了一个别名——精神鸦片。而年轻人对虚拟游戏的过度沉迷就好比是在吸食“精神鸦片”，他们玩虚拟游戏时乐在其中、忘乎所以，一旦停止就产生空虚、迷茫感。很多人都在呼吁要打一场“精神鸦片战争”，把沉迷于虚拟游戏中的人解救出来。

青少年沉迷于虚拟游戏是个大难题，毕竟很多成年人也无法轻易从手机游戏和手机碎片化信息中抽身，未成年的孩子就更难以从沉浸的虚拟世界中清醒过来。这是一个时代的难题。

我们无法阻止5G技术的到来，只能希望针对游戏创作公司和发行机构等出台相关法律，对虚拟游戏进行限制。

腾讯法务平台部总经理谢兰芳、法律顾问张剑平在《网络游戏开发的16条法律风控建议》一文中提到，“自2017年年底以来，为加强网络游戏市场监管，文化行政执法部门开展了以网络游戏含有禁止内容等违规经营活动为监管执法重点的专项查处行动，重点集中在严查淫秽色情、危害社会公德、赌博暴力等禁止内容。”“此外，若开发的网络游戏有出海打算，还应针对拟发行的海外区域进行专项研究，确保网络游戏内容符合当地法律法规的基础上，亦不会与当地的文化、宗教、种族、民族等观念相冲突。”文中还提到，“在促进及规范网络游戏发展的过程中，如何更好地保护未成年人身心健康一直是网络游戏法律政策及相关主管部门重点关注的内容。根据国家目前相关政策规定，网络游戏不得含有诱发未成年人模仿违反社会公德、违法犯罪行为的内容以及妨害未成年人身心健康的内容。”

随着5G技术的发展，我们必须面对这样一个未来场景：即使立法严格，深度沉迷于游戏的人还将占据一定的比例。游戏创造者创造虚拟世界成为巨富，一定比例的年轻人通过在游戏中进行虚拟交易，形成一种虚拟经济的形态。

好比当下，一些年轻人为了购买游戏装配不惜投入数十万美元，他们认同这些虚拟资产的价值，并且利用这些装备让自己成为虚拟世界的王者，他们在虚拟世界中拥有极大的权力，而且对虚拟权力的迷恋并不逊色于现实中拥有权力的体验。

有的人在网吧一泡就是好几天甚至一个月之久，为了能够持续不断地打游戏，他们仅用方便面、面包等食品充饥，对现实生活中的物质需求渐渐失去兴趣，虚拟资产的需求反而变成了他们的强需求。

《头号玩家》（*Ready Player One*）向我们展示的是2045年的场景，而实际上，5G到2020年就可能正式投入商用，新一代消费体验也可能在未来几年得以实现。

最后，我要引用薛泉先生的一句话：“5G时代正在来临，我们不仅要善用5G带来的各种方便，也要准备应对5G的各种副作用，人应该做信息的主人，而不是信息的奴隶！”

2. 5G 时代的战争新样式

每一次技术革命，首先会被应用于军事领域，这大概已经是人类史的基本规律了。20 世纪 90 年代之初，美军完成了全军的信息化和“早期的物联网化”，海湾战争其实就是一场精确制导武器主导的高技术战争形态。

5G 时代的到来，对于战争形式来说，会带来一种新的形态，这个形态就是“物联网战争普遍化”。即使一场游击战的对抗，也可能大量使用智能武器。这就是 5G 带来的战争未来。对于军队来说，铺天盖地的智能武器，将是一场前所未有的挑战。尤其对于进行全球军事部署的美军来说，其挑战也将更大。

即使战争的规模再小，只要武器全部智能化，哪怕都是一些简易的智能武器，对于战争本身来说，都是一场革命。

国防科技大学计算机学院副教授赵宝康认为，5G 通信万物互联和一体化融合的技术特性使得海量的设备接入网络，这可能给网络作战提供新的目标，同时也可能催生新的网络武器。赵宝康预测，“5G 技术的发展将深刻影响未来战争的形态。”

中国海军中校退役军官、网络知名军事评论员龙凯锋说：“5G时代是真正的移动互联网时代，万物相连将会实现，能大大促进人类的发展。在 5G时代，军事领域也将会发生革命性的变化。”龙凯峰认为，5G时代更有利于全军侦察监视系统实现一体化，更有利于全军实施联合作战全球作战。他说：“实施全球作战是我军未来作战的主要方向，要全球作战，需要构建全球的侦察监视系统、全球机动作战体系和全球作战保障体系，这三个方面都需要依托 5G 网络支撑系统，使分散的侦察监视系统、机动作战单元、作战保障单元联合成一个统一指挥的整体。当然，5G时代只是智能时代的开始，随着更大带宽、更保密、更快速的智能和网络技术的发展，军事革命将更加深入。未来战争，更多将成为陆、海、空机器人的智能战争，这绝非天方夜谭，而越来越成为现实。”

机器人战争一直都是科幻小说中的场景，在物联网时代将是一件稀松平常的事情。有些在之前办不到的事情，到了 5G 智能时代就成为一种现实了。

除了中国，美国等国家也积极投入 5G 军事领域，中美两国在军事领域的应用基本处于并跑的状态。如果说中国和美国有差异，主要还体现在增量和存量之间的比较优势，美国有存量优势，中国有增量优势。

5G时代，一些本来只存于幻想和用于战略欺骗的技术，现在能够真正实现了。比如可能会出现这样的战争形势，美国国家导弹防御系统“智能卵石”计划复活，这种基于5G技术的微小钨棒具备利用物联网组建打击群的功能，数十万支钨棒被安置在太空大型卫星矩阵之上，当敌对国家几千枚核导弹齐射之时，智能卵石能够通过“过饱和防御”的方式，将这些导弹摧毁在大气层之外。而且微小的智能卵石在冲入大气层的时候基本都会汽化掉，不会给地球造成伤害。这种低成本导弹防御技术在 5G 时代将成为可能。

5G 对于其他大国可能是新一轮建立绝对优势的机会。法律框架不足以对于霸权国家形成长期的制约因素。如果仅从军事视角来看问题，未来就会陡然增加很多不安定因素。

2015 年，科技狂人、太空探索技术公司 SpaceX 的创始人埃隆·马斯克正式启动“星链计划”，他说，这个计划“重点是建立一个全球通信系统。从长远来看，我们真正要做的是在太空中重建互联网。我们的目标是让大部分远程互联网流量和大约 10%的本地消费者和商业流量，都通过这个网络传输”，让全人类接入互联网。不过，他的终极目标还不止如此，他曾说“星链计划是在火星上建立一个自给自足的城市以及月球基地的关键踏脚石”。据他介绍：“SpaceX 的理想目标是，在 2022 年，前往火星完成第一个运输任务。首先确认水资源识别危险，建造早期的电力、采矿和生命支持等基础设施。第二次任务包括运送货物和机组人员，目标时间为 2024 年，主要目标是建造推进剂仓库，并为未来的机组人员飞行做准备。初始任务中的宇宙飞船也将作为第一个火星基地的起点，从中我们可以建立一个繁荣的城市，最终在火星上建立一个自我维持的文明。”

2019 年 7 月初，三颗卫星在范登堡空军基地被成功送入太空，其中两颗卫星是星链计划的原型星——Microsat-2a、Microsat-2b。这标志着埃隆·马斯克的设想已经变成了行动。对此，未来实验室创始人、《黑科技》的作者胡延平说：“这是继 PayPal 支付、特斯拉（Tesla）电动汽车、Solar City 新能源网络、猎鹰可重复利用火箭、防止人类被智能危及的 OpenAI 计划之后，埃隆·马斯克踏上的改变人类的第六个征程。这是七十多亿地球人发生在即的切身改变，其影响面、实质意义和价值不容小觑。”

埃隆·马斯克的星链计划，用卫星进行高速互联网技术，被外界称之为 6G。但如何定义第六代通信技术，现在还没有定论。星链技术如果能够成功实施，对 5G 来说确实是一个升级，这意味着在太空和大洋也可以实现 5G 覆盖。如果星链计划武器化的话，那么 1.2 万颗星链在地球上空就会形成防御矩阵。如此一来，“智能卵石”计划就是一个应用技术系统，更容易实现。一个民间企业就能够建立类似于全球导弹防御系统的人工智能系统装置，技术的未来是不得不让人担心的。

5G 技术的发展，能够帮助各国搭建自己的精确打击系统，而将战争与 5G 智能武器相结合，将会成为未来战争的新样式。世界各国也在积极调整军事战略，加大科技投入，希望以强大的技术对竞争对手形成压倒性的军事优势。

2016 年，美国辛辛那提大学开发出人工智能系统“阿尔法”，而且在一场模拟空战之中，击败了退役美国空军上校基恩 · 李，他说：“这是我见过的最具侵略性、敏捷性、变化性和可靠性的 AI。”

由此可知，将人工智能与战争结合将会实现革命性飞跃。空中作战对人类飞行员的要求非常高，飞行员的每个重要决定都会给战争局势带来很大影响，失误的成本也会非常大。因此引入人工智能对未来空战尤为必要。2016 年，美国政府还启动“指挥官虚拟参谋”项目，用指挥自动化、认知计算等技术为指挥官打造“第二大脑”，帮助指挥官更高效地处理战场态势。2018 年，美国国防部又发布“指南针”项目，运用智能技术帮助作战人员判断战场态势等。

除了美国，日本、德国、俄罗斯等国也积极探索人工智能技术。俄罗斯政府出台了《2025 年前发展军事科学综合体构想》，提出要将人工智能技术与战争相结合。德国、日本等国也在研发智能武器装备、智能机器人等，希望让人脑与武器实现“无缝”对接。

5G 既赋予国家军队拥有精确制导的能力，同时也赋予恐怖主义者一种精确打击的能力。例如，在带有人工智能面部识别技术的无人机的协助下，精确狙杀一个人就会变得更加容易。未来，任何想要搞破坏的人都能够轻易获得这类智能武器。人工智能专家马克斯·泰格马克（Max Tegmark）在他的著作《生命 3.0》中对人工智能武器有过很多描述。

如此一来，美国本土将不再是安全的地方，物联网技术和武器集群化，将可能引发一些社会变迁，一些民间组织将会拥有强大的精确武力，而高速数据驱动和精确集群能够瞬间对人类社会造成巨大的伤亡。倘若某个国家各个权力层在政治的相互博弈中发生冲突，一方行动分子对另一方使用了精确武器，就会给人类社会带来很多伤亡。

基于智能武器将会给人类带来的威胁，部分研究人员抵制各国关于智能武器的研发，例如谷歌三千多名员工曾联名拒绝参与美国国防部关于人工智能武器的研发等。

5G 技术让人工智能的发展更加迅速，但是人们更希望人工智能给我们的生活带来便利，而不是用于杀伤性武器的研发。5G 技术虽然对军事武器的发展有很大推动作用，但倘若没有任何限制，很可能给人类社会带来恶劣的后果。

未来社会取决于当下人类的选择和行动，对此，马克斯·泰格马克提出了建议："资助关于人工智能安全性的研究，禁止自动化的致命武器，并且扩展社会服务，让每个人都能享受到人工智能创造的财富。"

3. 信息时代将是少数人胜出的社会

5G时代，社会经济的“马太效应”将进一步凸显出来。历史上，生活资料和生产资料的分离，造就了资本主义的社会鸿沟，这个社会难题持续了几百年，人类采取了各种制度设计，但都没有解决贫富差距的问题。

每一波的技术革命和知识革命，其实都不是促进普惠发展的工具，而成为少数人致富的机会。资产鸿沟、信息鸿沟和智能鸿沟，这些都不是5G时代的到来就能够解决的问题。如果没有系统性的制度创新，人类社会是走不出这种越进步越失衡的艰难局面的。这些问题，美国、欧洲和日本等先发达地区都没有解决。在可预见的将来，这种相对稳定的社会系统会不会被社会差距造成的社会矛盾反噬？现在看来，至少存在这样的可能性。

知名的“知沟理论”认为，每一项技术都会经历知识沟，在互联网刚刚兴起之时，人们就在讨论“数字鸿沟”的问题，如今随着5G技术的发展、智能经济时代的到来，人们又开始谈论“智能鸿沟”。

百分点集团董事长兼CEO苏萌博士认为，“在智能经济时代，‘智能鸿沟’将会不可逆转，一旦掉了队就永远跟不上这个智能的时代。”

《未来简史》作者尤瓦尔·赫拉利说，在智能时代，“99%的人类最终将成为无用阶层，而世界上 1%的人将成为掌控算法、通过生物技术战胜死亡的未来世界的主宰者。”简而言之，5G 时代来到后，人类大致会分为两种，一种是能够进入智能时代利用 5G 技术创造应用场景的人，另一种是 5G 技术的使用者和新应用场景的消费者，而后一种人的财富将会被更高效率地收割掉。

数据是信息时代最重要的资产，但收集数据需要巨大的信息基础设施，而拥有信息基础设施的人，从来都是少数。

在 5G 时代，购买商品和服务就意味着用户需要同时交出自己的数据，掌握大数据的人可能比你自己更加了解你。大数据之父舍恩伯格就曾说：“互联网比你更了解你。”例如，计算机化的性格测试，当你登录相关网站如 Apply Magic Sauce 时，只要根据提示输入一些文本、社交媒体活动信息等，就可以看到有关自己的性格分析等内容。再如，淘宝等电商网站知道你喜欢什么风格的服装，什么品牌的皮包、化妆品，旅游网站知道你喜欢去什么地方游玩，美团知道你喜欢吃什么、住在哪个社区，腾讯知道你经常与谁聊天等。

在人工智能的帮助下，构建虚拟资产的人能够利用成熟的通信技术，通过信息“喂养”自己的用户，从而获得自己的新领地。5G 的到来，也会让构建虚拟资产的人成为巨富。几年前，社交网站巨头 Facebook（脸书）投入 23 亿美元收购了研发虚拟现实头盔的美国科技企业 Oculus Rift。Oculus Rift 的创始人帕尔默·勒基（Palmer Luckey），不过二十几岁就摇身成为巨富。

5G 时代下，人与人之间会因掌握 5G 技术的程度不同而出现“智能鸿沟”，国与国之间也可能因 5G 技术的高低而产生“鸿沟”。

国际问题分析员方寸间说：“大数据时代，信息就是利益，信息愈多，利益愈大。大数据这座金矿极大地刺激了一些人或组织进一步采集、存储、利用个人数据的野心。” 方寸间说，“大数据时代是国家信息安全战略的又一个契机与挑战，只有将大数据融入其中，重视大数据的开发利用，把握住新科技浪潮的引擎，才能多层次、多方位、多维度地维护国家信息安全，捍卫国家‘信息边疆’!”

很多专家也认为，大数据已经成为各国新型的战略资源，为了抢占数据制高点，美国、中国、英国、法国等国家都已经开始部署科学大数据战略。

除了“智能鸿沟”，在信息时代，人类的学习也成为一个重大问题。作为个体的人想在未来真正达到“知其然，并知其所以然”，几乎是不可能了。

在实现知识直接输入人脑之前，人类的学习效率不会有革命性的提高。无论学习到何种程度，都会觉得有些迷茫。学习者需要放下对自己学习能力的自信，坦然接受人不可能穷尽的一个细微领域的知识。这也就意味着，个体在超量的知识面前，永远也不可能成为所谓的智者，每一个个体有限的经验在巨大的智能学习面前都不值一提。除了个别天才的创造者能够改进智能机器，其他大部分人都将成为超级智能机器的跟随者。作为万物之灵的人类，如何面对超级智能机器的挑战是一个大问题。

美国麻省理工学院（MIT）物理学终身教授、未来生命研究所的创始人马克斯·泰格马克（Max Tagmark）说：“一旦明白了肌肉的运作原理，我们就构建出了更强大的‘肌肉’——也就是机器；也许，等我们理解了大脑的工作原理，我们就能构建出更好的‘大脑’，让自己变得毫无用处。”在人工智能时代到来之前，他就已经有所思考，“如果我们能创造胜过人类的智能，人类将面临怎样的命运？”虽然人工智能的到来会给人类带来挑战甚至是威胁，但他认为，“现在比石器时代优越的每一个方面，都是拜技术所赐。而技术一往无前，没人说要阻止技术。问一个人是反对还是赞成 AI，就好比问他是赞成还是反对火，这是非常愚蠢的。我们都喜欢火炉的温暖，也都想防止纵火事件。”我们在发展人工智能技术的同时，也要“预防纵火”。

至于如何与人工智能相处，科技思想家凯文·凯利说：“未来更多的人需要学会和人工智能协作，而不是对抗，只有和人工智能合作，才是一条正确的道路。”

慕尼黑大学计算机科学博士余凯也说：“我觉得和平相处的唯一方式就是不要去躲避，因为这可能是历史的一个趋势，所以我们不但要积极地去了解它，还要创造它，成为它的主宰，我相信人类是一定可以做到的。”

4. 技术依赖症和独立性的丧失

科学技术对人类社会的发展具有正反两面作用，正面作用是解决了人类社会发展过程中遇到的诸多难题，反面作用则是让人类对科学技术产生依赖症，渐渐丧失了独立性。

以当下年轻人对智能手机的依赖为例，搜狗创始人王小川说："我觉得人工智能会和我们有很大的融合，我们今天用手机有什么感受呢？手机已经成为我们身体的一个'器官'了，离不开它。我们去做调研问一些年轻人，剁你一只手和给你保留手机，你选哪一个？大部分人选择后者。所以今天这样的一种技术和信息，对我们来说已经不只是旁观，而是成为我们身体的一部分。"

美国南缅因大学的一些研究人员还对年轻人的手机依赖症进行了测试，发现没带手机进教室上课的学生有明显的焦虑症状，而且一两个小时之后，焦虑的程度更深。反之，随身携带手机上课的人，哪怕不被允许使用手机，情绪也较为平稳。有人将年轻人对手机的依赖称为"无手机恐惧症"，即

Nomophobia，类似手机成瘾。无论什么原因，只要与手机分离数小时，很多人都会产生失落感和无措感。

这就是人类对技术依赖的症状，反映出人类的生活越来越离不开周围的技术辅助装置。在工作时，我们离不开 AR、MR 等能够实时提供数据支持的技术，一旦失去它们，我们的工作能力就会丧失。倘若我们身边的技术装置都被撤走，那么我们的生活能力和工作能力将被极大削弱。

对于大部分人而言，想要钻研透自己的垂直知识领域都已经变得不可能了。面对 5G 时代的到来，每一个个人在做决策的时候，也懒得自己做深入分析了。他们只需要向云端的人工智能发出请求，人工智能就会给出最佳结果。人类在几千年历史上追求“知其然并知其所以然”的认知模式已经不存在了。这是人类自我认知领域的一种失控性的状态。无论是学富五车的学者，还是拥有普通认知的人，在进行决策的时候，其实都会自然使用人工智能决策系统。人类已经和技术合为一体，我们作为个体的人，其“自主能力和独立意识”会受到很大的挑战，可能会变成一个错觉而已。

我们带着随身的智能设备，而有些设备已经“植入”身体，这几乎是一个不可逆的历史进程。人机结合的过程，对于人的伦理边界也是一个挑战。一个 50%的身体器官都换成了智能机器的人，我们很难判断这是人还是机器人，是否享有完全的公民权。

不可否认，科学技术给人类创造了美好的生活：育种技术解决了人类的饥荒，医疗技术改善了人类的健康状况，通信等技术让人类的生活日新月异……

此前，西方“科技价值观”出现两种思潮：科技乐观主义和科技悲观主义。科技乐观主义的倡导者培根、笛卡儿等人认为，“科技带来的一切问题都能依靠科技本身解决”。而科技悲观主义的代表人物佩西则说：“认为技术力量可以轻易解决人类一切问题的过大期待，可以说彻底模糊了我们的现实感，产生了成长的神话，使道义心衰退，改变了对待工作的态度。这是导致现在危机的最大原因。”

科学技术发展至今，很多科学家都发现了其给人类带来的弊端。几百年来，人们对于技术负面影响的思考从来就没有停止过。

清华大学科学史系助理教授胡翌霖说：“随着人工智能技术的不断成熟，人被技术寄生的话题逐步频现于世人眼前，带来一定的恐慌。人类在发展技术的同时，也在不断地供养技术。但技术越发展，人对技术的依赖就越显著。原本技术是人类身上的寄生虫，依赖人类的强大而逐步发展。未来的某些时候，也许人类就会成为技术的寄生虫。技术变得越来越发达之后，人类却开始显得越来越无能。技术不断地削弱了人类的能力。有人预言，有一天黑客帝国的时代终会到来，自由人类成为技术系统的一部分才能存活下去。”

已经离世的著名科学家史蒂芬·霍金说：“如果人类开发出完美的人工智能，便意味着人类的终结。人工智能技术未来必将对人类构成威胁，最大的危险不是机器人有计划地摧毁人类，而是它们完全抛弃了人类。具有自主决策能力的机器人不可能产生与人类敌对的意识，但它们在追求自身设定的目标时，会对人类的利益造成伤害。真正的风险不在于敌意，而在于能力。”

正如开车需要导航系统一般，技术已经深度嵌入到我们的生活当中，一个没有导航的基础产业技术体系是不可想象的。同样，在 5G 时代，一个没有数据系统支持的工作是不可想象的。未来，支持个体工作能力的数据是属于企业的，个体员工使用的 AR 和 MR 系统，其软件驱动系统及数据内容都是属于企业的，员工对于这些软硬技术的依赖非常大。这种发展模式也就意味着，很多个体将会丧失独立思考、独立于自动化系统而工作的能力。

德国思想家马丁·海德格尔认为“科技就是框架”。人类一旦进入这个

“框架”就很难走出来，失去独立性和自主性。德国哲学家马克斯·韦伯也认为，我们所处的世界已经陷入“理性化铁笼”，科技正在限制人的独立与自由。一些“技术决定论”者甚至认为，人类只是技术发展的工具。虽然这种观点不被大多数人认可，但也能在一定程度上反映科学技术的发展给人类社会带来的不良影响。

如今，为了提高生产效率，工厂内出现了各种机械、智能工具等，这些工具在给个体员工降低工作量的同时，也剥夺了员工的自我存在意识。先进的技术让员工从工厂的主角降级为只负责片面的劳动分工。和机器相比，个体员工成为生产过程中的“陪衬”。

诚然，人类社会的发展离不开科学技术，但如何摆脱技术依赖症，并在高度发达的技术中保持自己的独立性尤为重要。对此，大科学家阿尔伯特·爱因斯坦警示说：“科学是一种强有力的工具。怎么用它，究竟是给人带来幸福，还是带来灾难，全取决于人类自己，而不取决于工具。”

现在人类的发展观是一种竞争观，要参与竞争，就需要穿上技术的“铠甲”，但是穿上铠甲之后，我们就开始身不由己了。每一个个体总需要参与竞争，这是市场经济的基础架构，如果未来还生活在无休止的竞争之中，而不是以探寻生命的意义和追求个人幸福为目的，那么技术越发展，人就越成为技术浪潮驱动的一台机器。

人总归是人，不是效能机器。但这个世界观和发展观的问题，却来自于人性的深层，不是 5G 技术系统所决定的。追求幸福而不是过分物化，这考验着人类自我改变的勇气。

后记 如何在5G时代展开行动计划

每次演讲完成之后，我都有时间跟中外企业家、创业者和大学生进行交流，大家都在问，在5G到来的新的时代里，自己该如何采取行动？我明白他们问的问题，其实就是想知道如何去应用5G技术，在工作中更好地赚钱，有更好的机会来拓展自己的事业。

那么我就开始转化问题和分解问题，因为每一个框架性的问题背后都是一些更为细节的问题。如何适应5G时代，这是一个开放性的问题。5G技术系统是一种公用设施，靠公用设施成功是不可能的。这个"钱"是属于中国三大运营商和华为、中兴，以及一些进入中国的国际大企业的"大饼"，和普通中小企业没有什么关系，普通人赚不到这个钱。最佳的方案还是回到自己的专业领域，用专业能力来对接5G时代。

我觉得从一个年轻人的处境来出发，就可以知道接下来我们该如何去行动。最近几年，一直有人问我，孩子上高中了，在学习的过程中，是学文科好还是学理科好呢？到大学做演讲，还是有很多人问我什么样的专业在未来发展会比较好。

2018 年夏天，我受到母校江苏省如皋中学的邀请，很荣幸对母校的高三毕业生做了一场演讲和互动。针对他们的问题，我提前精心准备了演讲稿，题目叫《在技术高度颠覆的时代，如何规划你的未来？》。5G+AI 时代，动态化的适应能力和脉冲式的知识突进能力，变得至关重要。

我的一个朋友的孩子，在美国留学，看到全球的平面媒体都处于一种江河日下的状态，也看到新媒体的火热但是却不能提供一个稳定的工作环境。于是这个孩子就问我，该如何采取下一步的行动，是转一个专业还是继续学习？

媒体工作和互联网是联系最为紧密的信息产业范畴，互联网行业变化有多剧烈，媒体工作的变化就有多剧烈。如果想在变化剧烈的市场中找到一份长期稳定的工作，这几乎是一种奢望了。如果一个行业整体都处于颠簸并且高速运行的状态，作为产业中的个体，想要工作本身不摇晃，自己不晕船，这种可能性就不大。

回到转一个专业还是继续学习的问题，即使从事新闻类工作的人，在今后也必须学习数学和人工智能。我奉劝任何一个学文科的学生，需要努力发展出自己的理工知识体系，让自己的文化创意能够跟人工智能结合在一起；同时也奉劝学理工的学生，要长期稳扎稳打，将自己的专业发展到一个顶尖或者接近顶尖的水准，在努力学好专业的基础上，努力学习人文课程，提高设计思维和审美能力，这样的知识架构才能够面对新的竞争形态。

当然，从文科专家到熟练的人工智能领域的工程师之间，需要长达数年的持续努力；而一个科学工程师要提高审美和设计思维也将是一个漫长的过程。如果对于5G时代如何去竞争，让我提一些自己的看法，那么我认为，在人工智能时代，在一种动态的系统中，竞争已经变成了学习的竞争，或者说是学习效率的竞争。

5G时代，云计算、物联网、大数据和人工智能几个未来社会的支柱技术，哪一个都和数学算法相关，毫无疑问，将来是一个数学社会。我们需要学会和智能机器对话，我们去创业，如果没有数据，不能使用算法机器，不懂算法，可能连参与经营的资格都没有。

借助人工智能和大数据飞翔，不要从事和人工智能竞争的业态，而需要从事跟人工智能友好协作的业态。不能够采取工业时代的思维方式，追求稳定和固化的工作方式，因为稳定和固化的工作方式在可以预计的时间内，几乎都会被人工智能取代。

对于很多人来说，人工智能是恶龙，其赖以生存的简单技能会被人工智能吞噬；但对于引领者来说，5G+AI是一个可以骑上的座驾。而驾驭天龙的技巧，只有靠自己学习而来，不可能靠运气得来。

我认为对于未来创业者而言，运气成分会越来越少，独特的价值创造能力会越来越重要。那么不敢抱有独特想法的人，就很难创造出市场价值，也很难赚到钱。

具体到实践中，那些懂得满足市场需求、能够组织机器人进行制造的人，显然是能够在下一个时代做好事业的人。中国和很多国家都进入了老龄化社会，家政机器人、护理机器人和其背后庞大的云计算服务，将会催生各种各样的新型企业。比如机器人能够陪伴老人，提供让老人身心愉快的优质服务，这不仅是科技的事情，也是文创的事情。

人工智能和任何一个产业如何深入结合，是下一代创业者首先需要思考的事情。而任何一个结合都意味着新产业机会的来临。而新的时代，至少需要对于两三个专业具备深厚的研究突破能力，才能够把握住产业机遇。

5G时代的到来，其实只是为行动者搭建了一个舞台，而真正发挥价值的领域，还是人工智能和自己专业的叠加领域。

很多人可能会认为这样做太难了，我只能这么说，成年人的事业，没有什么是不难的。知识跨界的时代，标志着真正需要“一专多能”的时代来了。而且需要保持快速学习的能力，这是保持长期竞争能力的关键所在。

最后，我会提出自己两种不同的建议：一是拥抱大数据和人工智能，二是再次投入学习。

在北京望京有一家从事投资管理的公司，这是一群年轻人的团队，创始人是一位“80后”，而员工基本都是“90后”的年轻人。创始人在制订工作计划和阐述问题的时候，总是被自己的员工怼回去，而且他们拿出了更好的方案，有大量的数据做支撑。创始人了解了情况之后才知道，这些员工在上班的时候，家里的那台PC是24小时工作的，他们不断用Python语言和人工智能软件爬取数据、分析数据，进行可视化编辑，所以对于行业的数据了如指掌，对于工作中任何新任务都能进行迅速量化。

这位创始人说：“这些‘90后’是每天工作32小时的人。而且他们相互学习的速度非常快，他们工作起来就和打联机游戏是一样的。我们十几个工作伙伴，将数据做一个整合的时候，就具备对国内几百家风险投资机构进行服务的能力。”

我觉得这家公司就是一种典型的拥抱大数据和人工智能的工作模式。

我的第二个建议是给已经在职场里奋斗十年、二十年、三十年的人，那就是要破除学习的迷思，再次投入学习。

中国人说的“人过三十不学艺”的事业态度需要改改了。我们需要主动拥抱下一个新技术时代，中年人有专业优势，缺少的是驾驭新的数字工具和数字语言的能力。我认为，再次投入学习是非常重要的一件事情，为自己的职业瓶颈找到人工智能领域的突破之道。

人生时间其实是有限的，如果我们在有限的时间采取了有效的行动，朝着一个方向猛攻，人生就会出彩，拥抱 5G，成为跨界专家，保持进取的热情和斗志，这是非常重要的事情。

5G 时代已经来临，你准备好了吗？

引文和关键词注释

[1]工程盾构机：一种使用盾构法的隧道掘进机。由于其体积巨大、工作效率高，已经成为全球管道工程的核心装备。中国和德国是全球盾构机的主要制造者。

[2]经济学上的“理性人”的基础假设：“理性人”假设（Hypothesis of Rational man）是指作为经济决策的主体都是充满理智的，既不会感情用事，也不会盲从，而是精于判断和计算，其行为是理性的。在经济活动中，经济决策主体所追求的目标是自身经济利益的最优化，消费者追求的是满足程度的最大化，生产者追求的是销售利润最大化。“理性人”假设实际是对亚当·斯密“经济人”假设的延续。

[3]鼻尖视角：《超预测》中的重要词汇。《超预测》这本书是2016年中信出版社出版的引进版图书，作者为菲利普·泰洛克、丹·加德纳。菲利普·泰洛克（Philip E.Tetlock）是著名心理学家，是全球最受关注的社会学家之一，宾夕法尼亚大学教授，同时还在沃顿商学院心理学和政治学部门任职。他和

妻子芭芭拉·梅勒斯是“精准预测项目”的共同负责人，这是一项已开展多年的预测研究项目。丹·加德纳（Dan Gardner）是畅销书作家，同时还是一位屡获殊荣的新闻记者。

[4]《一万年的爆发》：中信出版集团股份有限公司出版的图书，作者为格雷戈里·柯克伦和亨利·哈本丁。格雷戈里·柯克伦（Gregory Cochran）是犹太大学学者，主要研究物理学和人类学。亨利·哈本丁（Henry Harpending）也是犹太大学学者，在人类学和人口遗传学方面有很高的建树，是美国国家科学院成员。

[5]何传启：男，湖北黄陂人，毕业于武汉大学。现任职于中科院计划局，兼任现代化俱乐部总干事、中科院科技政策与管理研究会副理事长、《世界科技研究与发展》杂志副主编，美国纽约科学院院士。长期从事国家科技与现代化研究工作。

[6]《工业人的未来》：“现代管理学之父”彼得·德鲁克所著“工业社会三部曲”之一。组织，特别是大型企业，成为第二次世界大战后个人获得社会地位和实现社会功能的地方，这成为德鲁克研究管理的初衷之一。“工业社会三部曲”——《工业人的未来》《公司的概念》和《新社会》，使人们能够理解工业社会的本质、内在结构和运行机理，以及其基本单元——企业管理的全貌。

[7]马尔萨斯陷阱：马尔萨斯提出的“两个级数”的理论，认为人口增长是按照几何级数增长的，而生存资料仅仅是按照算术级数增长的，多增加的人口总是要以某种方式被消灭，人口不能超出相应的农业发展水平。这就是其核心观点。

[8]马凯硕（Kishore Mahbubani）：新加坡前外交官，被称为“最强悍的亚洲崛起代言人”。主张没有争论，没有论战，人们就无法从西方中心的语

境中释放出来，亚洲崛起带来的东西方关系的调整也就无从厘清。其作品有《亚洲人会思考吗？》《走出纯真年代——重建美国与世界的信任》《新亚洲半球：不可阻挡的全球权力东移》等。

[9]格雷厄姆·艾利森：《注定一战：中美能避免修昔底德陷阱吗？》一书的作者，哈佛大学教授。该书于 2019 年 1 月由上海人民出版社出版。

[10]制信息权：又叫制电子权，就是在一定时空范围内控制战场信息的主导权。在信息化战争中，争夺制信息权的信息作战通常先于其他作战行动展开并贯穿于整个战争的全过程，甚至有可能构成独立的作战阶段。制信息权包括通过各种手段实时获取或准时获取我方和敌方的有效信息，确保我方所传送的信息不被敌方获取，以及破坏敌方的信息传递通道等协同性工作。

[11]盛希泰：男，南开大学会计学专业硕士，洪泰基金创始合伙人。前证券公司董事长，资深投资银行专家。清华大学水木清华种子基金管理合伙人，南开允能创业商学院理事长。中华全国青联常委并金融界别秘书长，中央国家机关青联副主席。

[12]金灿荣：男，毕业于复旦大学。现任中国人民大学国际关系学院副院长、教授、博导，中国人民大学中国对外战略研究中心主任。其研究领域有美国政治制度与政治文化、美国外交、中美关系及大国关系、中国对外政策等。主要著作有《多边主义与东亚合作》《中国学者看大国战略》等。

[13]彼得·蒂尔（Peter Thiel）：德国企业家，毕业于斯坦福大学法学院。1996 年，创办 Thiel 资产管理公司；1998 年，联合创办了 PayPal，并在 2002 年以 15 亿美元出售给 eBay；2004 年，成立软件公司 Palantir；2005 年，创办 Founders Fund 风险投资公司。2018 年 9 月 28 日，入选美国《连线》杂志评出的改变世界 25 人。著有《从 0 到 1》等。

[14]泰勒·考恩：哈佛大学经济学博士，现执教于乔治梅森大学，主持

该校知名智库 Mercatus Center。《彭博商业周刊》称其为“美国最炙手可热的经济学家”，曾入选英国《经济学人》过去十年“最有影响力的经济学家”。

[15]摩尔定律：指的是当价格不变时，集成电路上可容纳的元器件的数目，约每隔 18 个月至 24 个月便会增加一倍，性能也将提升一倍。1965 年 4 月 19 日,《电子学》杂志第 114 页发表了摩尔（时任仙童半导体公司工程师）撰写的文章《让集成电路填满更多的组件》，文中预言半导体芯片上集成的晶体管和电阻数量将每年增加一倍。

[16]亨利・奥古斯特・罗兰：（Henry Augustus Rowland，1848—1901 年），美国物理学家。曾在美国科学促进会年会上发表了一则被誉为是“美国科学的独立宣言”的演讲——《为纯科学呼吁》。该文发表于 1883 年 4 月 24 日出版的《科学》（*Science*）杂志上，是世界最早号召进行科技基础研究的文章之一。

[17]艾文・雅各布：高通公司创始人之一，前高通公司董事长，是码分多址（CDMA）数字无线技术的先驱，拥有 14 项 CDMA 专利，现已退休。1956 年获得康奈尔大学电气工程系（EE）学士学位，1959 年获得麻省理工学院（MIT）电气工程博士学位。

[18]埃尔达尔・阿里坎（Erdal Arikan）：土耳其通信技术专家，毕尔肯大学电气工程系教授，被称为“Polar 码之父”。2018 年 7 月 26 日，华为创始人任正非为 5G 极化码（Polar 码）发现者埃尔达尔・阿里坎教授颁发特别奖项，致敬其为通信事业发展所做出的突出贡献。

[19]美国梦（American Dream）：自 1776 年以来，世世代代的美国人都深信不疑，认为只要经过努力、不懈的奋斗，便能获得更好的生活，即人们必须通过自己的勤奋、勇气、创意和决心迈向繁荣，而非依赖于特定的社会阶级和他人的援助。

[20]科学中心：科学发展的研究表明，如果某个国家的科学成果数占同期世界科学成果总数的25%以上，这个国家就可以被称为“世界科学中心”。近代科学诞生以来，科学发展史揭示了这样一条基本规律：在每一个历史时期，总有一个国家成为世界科学中心，引领世界科学技术发展的潮流，经过大约一个世纪后转移至他国。

[21]工程师红利：劳动力结构的智力化带来的知识竞争力，即大量经过培训的专业工程师成为经济发展的主要驱动力量。表现为科技型企业的人均效率和成本优势。通过大规模的技术创新，在产业结构上实现从劳动密集型转向资本技术密集型，在不缺乏资本的既定前提下，通过技术创新达致技术密集，从而为经济发展创造出有力的技术条件，促成整个国家提升整体产业结构从而实现产业升级，实现经济的稳定、可持续增长。

[22]史蒂夫·班农（Steve Bannon）：曾任极右派媒体布赖特巴特新闻网（Breitbart News）执行主席。2016 年 11 月，美国候任总统唐纳德·特朗普宣布，史蒂夫·班农任白宫首席战略师和资深顾问。2017 年 8 月，史蒂夫·班农离职。

[23]路德维希·艾哈德（Ludwig Wilhelm Erhard）：1897 年 2 月 4 日出生于德国菲尔特，1977 年 5 月 5 日逝世于德国波恩。德国政治家、经济学家，“社会市场经济之父”。他从 1949 年到 1963 年任德意志联邦共和国经济和劳动部长，从 1963 年到 1966 年任联邦共和国总理。

[24]马克·雷波特（Marc Raibert）：大狗机器人（Bigdog）之父，因该机器人形似机械狗被命名为“大狗”，由波士顿动力学工程公司（Boston Dynamics）专门为美国军队研究设计。1992 年，马克·雷波特与他人一起创办了波士顿动力学公司，开发了全球第一个能自我平衡的跳跃机器人。

[25]鲍达民（Dominic Barton）：加拿大人，曾就读于不列颠哥伦比亚大

学和牛津大学，并获得罗兹奖学金。2009 年担任麦肯锡公司全球总裁。2019 年 9 月 4 日，加拿大总理贾斯廷 · 特鲁多在渥太华宣布，任命鲍达民为加拿大驻中国大使。

[26]王梦恕：生于 1938 年 12 月 24 日，去世于 2018 年 9 月 20 日。河南省焦作市温县人，毕业于西南交通大学（原唐山铁道学院），中国隧道工程专家、中国工程院院士。曾在北京交通大学土木建筑工程学院、长安大学公路学院担任教授。

[27]《美国陷阱：如何通过非经济手段瓦解他国商业巨头》：作者是法国人弗雷德里克 · 皮耶鲁齐和马修 · 阿伦，由中信出版社于 2019 年 5 月出版。弗雷德里克 · 皮耶鲁齐为阿尔斯通集团锅炉部全球负责人，在 2013 年抵达美国纽约肯尼迪国际机场时被美国联邦调查局探员逮捕，并被起诉入狱。获得自由后创建了 IKARIAN 公司，主要以预防国际腐败为目的，提供战略与运营方面的合规咨询服务。马修 · 阿伦为法国《新观察家》资深记者，曾担任法国广播电台综合台的记者，自始至终跟踪阿尔斯通事件。

[28]《时空波动论》：作者陈少华，毕业于武汉大学，天涯博客社区知名科普作者。本书是连载的科普博客文章，在天涯社区拥有众多支持者。

[29]世界岛：社会政治地理学的概念。这一概念来自于麦金德于 1902 年在英国皇家地理学会发表的文章《历史进程中的地理要素》。麦金德认为，地球由两部分构成，即欧洲和亚洲、非洲组成的世界岛是世界最大、人口最多、最富饶的陆地组合。在它的边缘，有一系列相对孤立的大陆，如美洲、澳洲、日本及不列颠群岛。在世界岛的中央，是自伏尔加河到长江、自喜马拉雅山脉到北极的心脏地带。麦金德认为，自古以来，自东向西或自西向东的连续军事扩张不可能实现。

[30]6G：第六代移动通信技术，6th Generation Mobile Networks 或 6th

Generation Wireless Systems 的简称，是 5G 系统后的延伸，现处于开发阶段。其传输能力相较 5G 有望提升 100 倍，网络延迟也有望从毫秒降到微秒级。

[31]克里斯·安德森（Chris Anderson）：美国《连线》杂志主编。《连线》已多次获得美国国家杂志奖提名，并赢得了 2005 年、2007 年及 2009 年卓越新闻奖最高奖项。2009 年，该杂志被《广告周刊》评为“十年最佳杂志”。克里斯·安德森是 3DRobotics 和 DIYDrones 的联合创始人。3DRobotics 是一家发展迅速的空中机器人制造企业。克里斯·安德森也是《纽约时报》畅销书《长尾理论》及《免费：商业的未来》的作者。

[32]丰田的精益制造模式：精益生产（Lean Production，LP）是美国麻省理工学院数位国际汽车计划组织（IMVP）的专家对日本丰田公司准时化生产 JIT（Just In Time）方式的赞誉称呼。精益生产方式的优越性不仅体现在生产制造系统，同样也体现在产品开发、协作配套、营销网络以及经营管理等各个方面，它是当前工业界最佳的一种生产组织体系和方式，也必将成为 21 世纪标准的全球生产体系。精益生产方式是第二次世界大战后日本汽车工业遭到的“资源稀缺”和“多品种、少批量”市场制约的产物。

[33]沃森医疗机器人：是自 2007 年开始，由 IBM 公司首席研究员 David Ferrucci 所领导的 Deep QA 计划小组开发的人工智能系统，它是二十多名 IBM 的研究员四年心血的结晶，并以 IBM 创始人托马斯·J. 沃森的名字命名。经过科学家们的努力，沃森医疗机器人拥有了理解自然语言和精确回答问题的能力。

[34]高盛：全称为高盛集团有限公司，是世界领先的投资银行、证券和投资管理公司，为企业、金融机构、政府等各领域的客户提供一系列金融服务。

[35]周金涛：生于1972年7月，去世于2016年12月27日。天津人，经济学家，毕业于南开大学。曾担任中信建投证券研究发展部董事总经理。

[36]李稻葵：安徽凤阳人，经济学家，毕业于哈佛大学，中国与世界经济研究中心主任，全国第十三届政协常委，金砖国家开发银行首席经济学家。1989年任世界银行中国社会保障体制改革研究项目顾问；2002年任清华大学经济管理学院特聘教授；2018年任清华大学中国经济思想与实践研究院院长。

[37]智慧城市：就是运用信息和通信技术手段感测、分析、整合城市运行核心系统的各项关键信息，从而对包括民生、环保、公共安全、城市服务、工商业活动在内的各种需求做出智能响应。其实质是利用先进的信息技术，实现城市智慧式管理和运行，进而为城市中的人创造更美好的生活，促进城市的和谐、可持续发展。

[38]刘慈欣：山西阳泉人，毕业于华北水利水电大学。中国科普作家协会会员，山西省作家协会副主席，阳泉市作协副主席，高级工程师，中国科幻小说代表作家之一。著有《超新星纪元》《三体》《流浪地球》等，其中《三体》三部曲被普遍认为是中国科幻文学的里程碑之作，将中国科幻作品推上了世界的高度。2015年8月23日，凭借《三体》获第73届世界科幻大会颁发的雨果奖最佳长篇小说奖，为亚洲首位获奖者。

[39]“铁锈地带（Rust Belt）”：最初指的是美国东北部五大湖附近的传统工业衰退地区，现可泛指工业衰退的地区。从1980年开始，大量企业外迁，导致大量的工作岗位流失，居住区居民收入下降或者迁移到别的地方。

[40]视觉中国：全称为视觉（中国）文化发展股份有限公司，是一家以视觉内容提供为核心的互联网科技文创公司，于2000年12月15日在北京成立。它为媒体、广告公司、制作公司等各类客户提供图片、影视、音乐、

特约拍摄及以视觉为核心的整合营销一站式服务。

[41]王晋康：男，1948 年生于河南南阳，高级工程师，中国作协会员，中国科普作协会员兼科学文艺委员会委员，河南省作协会员。已发表短篇小说 40 篇，长篇小说 5 篇，共计两百余万字。曾获 1997 年国际科幻大会颁发的“银河奖”。其代表作品有《西奈噩梦》《七重外壳》《最后的爱情》《解读生命》等。2018 年 11 月 23 日，凭借《天图》获得第 29 届“银河奖”最佳短篇小说奖。

[42]数码艺术（CGart）：一种艺术作品或实践，它将数字技术作为创作或演示过程的一部分。自 20 世纪 70 年代以来，已经使用各种名称来描述该过程，包括计算机艺术和多媒体艺术。数字艺术本身被置于更大范围的新媒体艺术之下。数字技术的影响已经改变了绘画、雕塑和音乐/声音艺术等活动，而网络艺术、数字装置艺术和虚拟现实等新形式已经成为公认的艺术实践。

[43]医学伦理：医学伦理是应用伦理学中发展最为迅猛、争议最为激烈的一门学科。目前，相关问题已经远远超越了传统伦理学的范围，扩展为涉及生物学、医学、环境学、教育、科学研究、经济学、人类学等众多学科的一项伦理研究。医学伦理的任务是反映社会对医学的需求，为医学的发展导向、符合道德的医学行为进行辩护。

[44]开放性数控：目前对此尚未形成统一的定义，但一般认为开放式数控系统应具有下列特征：一是模块化。采用系统、子系统和模块分级式的控制结构，其构造是可移植和透明的；二是标准化。“开放”是在一定规范下的开放，并非毫无约束的开放。为此需要制定一个标准来约束各类控制器的研发；三是可再次开发。根据需要可方便地实现重构、编辑，以便实现一个系统多种用途；四是平台无关性。开放时体系结构中各模块相互独立，系统

厂、机床厂及最终用户都能够很容易地独立开发一系列专用功能和其他有个性的模块。为此要有方便的支持工具，控制程序设计按系统、子系统、模块这三级来进行，各模块接口协议要明确；五是适应网络操作方式。作为开放式控制器应当考虑到迅速发展的网络技术及其在工业生产领域的应用，要具有一种较好的通信和接口协议，以便各个相对独立的功能模块能够通过通信实现信息交换，满足实时控制需要。总之，所谓开方式数控系统，应是一个模块化、可重构、可扩充的软硬件控制系统。

[45]分布式边缘计算：边缘计算（Edge Computing）又译为边缘运算，是一种分散式运算的架构，将应用程序、数据资料与服务的运算，由网络中心节点，移往网络逻辑上的边缘节点来处理。它是将原本完全由中心节点处理大型服务加以分解，切割成更小、更容易管理的部分，分散到边缘节点去处理。边缘节点更接近于用户终端装置，可以加快资料的处理与传送速度，减少延迟。在这种架构下，资料的分析与知识的产生，更接近于数据资料的来源，因此更适合处理大数据。

[46]尼克·萨博：被誉为“智能合约之父”，1996年，他发表的《智能合同：数字自由市场的基石》一文描述了这样一个想法：在互联网上使用自动执行代码建立陌生人之间的合同协议，“智能合约的基本理念是，许多合同条款（如留置权、债券、产权划分等）都可以嵌入到我们处理的硬件和软件中，违反合同的代价对违规者来说是高昂的（若是有人想，也不会被允许）。”

[47]朱永新：男，汉族，1958年8月生，江苏大丰人，1988年加入民进党。教育家，教授，博士生导师。曾任十三届全国政协常务委员兼副秘书长，民进中央副主席，中国教育学会第八届理事会学术委员会顾问。

[48]DNA存储技术：一项着眼于未来的具有划时代意义的存储技术，它

利用人工合成的脱氧核糖核酸（DNA）作为存储介质，具有高效、存储量大、存储时间长、易获取且免维护的优点。换句话说，是用人工合成的脱氧核糖核酸存储文本文档、图片和声音文件等数据，随后进行完整读取。

[49]量子霸权（Quantum Supremacy）：是美国加州理工学院物理学家约翰·普瑞斯基尔（John Preskill）发明的名词，用来表示“在存储和通信带宽呈指数级增加后，量子计算机拥有传统超级计算机所不具有的能力”。

[50]技术冷战：指美国为了阻止中国科技进步而进行的一场系统的遏制行为，其行为模式表现为禁运科技产品、长臂执法、打击中国企业、阻止人员科技交流等。